趣學
Construct2
設計 2D 遊戲
使用 HTML5

傅子恆・劉國有・何祥祿　編著

序 言

　　非常感謝協助本書製作的劉國有老師、何祥祿同學,以及靜宜大學資傳系的所有老師與同學們。在大家學習 Construct 2 的過程中,我看到了那份久違的笑容。讓我們把這份熱情傳遞出去,分享心中沉睡許久的遊戲魂吧!

傅子恆

目錄

微課 0　遇見 Construct 2　　　　1

微課 1　軟體簡介

1-1	Construct 2 歷史與沿革	4
1-2	軟體介面	5
1-3	開啟自帶範本	6
1-4	圖　層	7
1-5	預覽運行	8
1-6	偵錯運行	9
1-7	修改圖像	10
1-8	修改動畫	12
1-9	調整關卡（佈局與視窗）	14
1-10	新增物件與實件	16
1-11	新增行為	19
1-12	撰寫事件表	20
1-13	存　檔	23
1-14	輸　出	24
評量實作		26

微課 2　經典遊戲 PONG

2-1	Pong 簡介	28
2-2	設計思路	29
2-3	新增專案	30
2-4	新增玩家 A 橫板	32
2-5	新增鍵盤控制	34
2-6	新增玩家 B 橫板	36
2-7	新增小球	37
2-8	碰撞偵測與隨機彈射	40
2-9	新增計分機制	42
2-10	新增計分文字	45
評量實作		48

微課 3　文字冒險 AVG

3-1	文字冒險 AVG 簡介	50
3-2	設計思路	52
3-3	新增專案	53
3-4	新增背景	54
3-5	新增角色 Sprite	55
3-6	新增對話框	57
3-7	新增對話文字	59
3-8	新增滑鼠功能	60
3-9	新增按鈕功能	63
3-10	以實件變數 id 區分實件	65
3-11	劇情分岔機制	69
評量實作		72

微課 4　地城迷宮遊戲 Dungeon Crawl

4-1	地城迷宮遊戲簡介	74
4-2	設計思路	76
4-3	新增專案	77
4-4	新增地面	79
4-5	新增牆面	81
4-6	新增玩家	82
4-7	鍵盤移動控制	86
4-8	新增機關－閘門	88
4-9	新增道具－鑰匙	90
4-10	新增遮罩	93
4-11	通關 UI	95
評量實作		98

評量實作簡答　　　　　　　　　　　　　　　99

微課 0

遇見
Construct 2

> 如果您一直在尋找簡單易學且功能強大的專業遊戲開發軟體，恭喜您找到了！

Construct 2 是以 HTML5 為基礎的 2D 遊戲編輯器，即使是沒有程式設計基礎的人，也可以藉由視覺化編輯器進行拖放動作，輕鬆完成設計一個遊戲。

在 Construct 2 中，編輯遊戲的主要方法是透過「事件表」，其作用與程式語言相近。事件表包含條件運算式或觸發動作，只要選擇正確的對象，並添加一個條件或行動到事件，就可以開始運行，不必去學習複雜又困難的編程語言。

Construct 2 以有趣和引人入勝的編程原理，幫助讀者用合乎邏輯的方式進行思考，並理解真正的編程概念。功能齊全且操作簡單的 Construct 2 非常適合初學者，趕快準備好進行安裝動作，跟我們一起進入遊戲設計的世界，開始來製作屬於自己的遊戲吧！

Construct 2 的系統安裝需求如下：

- Windows XP Service Pack3（SP3）以上
- 512MB RAM
- 1GHz 處理器
- 支援 HTML5 的瀏覽器

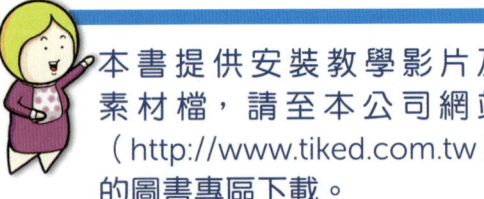
本書提供安裝教學影片及素材檔，請至本公司網站（http://www.tiked.com.tw）的圖書專區下載。

Construct 2 使用 HTML5，支援以下多平台輸出上架：

 Web　 Wii U　 iOS　 Android　 Windows 10,8 和 RT

 Windows　 Mac　 Linux　 黑莓 10　 Windows Phone 8

 Facebook　 Tizen　 Chrome Web Store　 Firefox Marketplace　 Amazon Appstore

版權聲明　本書提及之各註冊商標，分屬各註冊公司所有，不再一一說明。書中提及之共享軟體或公用軟體，其著作權皆屬原開發廠商或著作人，請於安裝後詳細閱讀各工具的授權和使用說明。範例檔案僅供讀者練習之用，與各軟體的著作權和其他利益無涉，如果在使用過程中，因軟體所造成的任何損失，與本書作者和出版商無關。

微課1

軟體簡介

本課我們將帶領讀者從官方的經典平台範例出發,以輕鬆有趣的方式「改」出一個遊戲。

1-1 Construct 2 歷史與沿革

　　Construct 2（簡稱 C2）是一套 HTML5 2D 遊戲引擎，由英國 Scirra 公司所開發，是一套易學易用的視覺化編程工具。使用 C2 開發遊戲不需要任何程式語言基礎，因為 C2 事件表使用的是接近人類語言的視覺化指令。

　　C2 的前一版為 Construct Classic 引擎，只能用於設計 Windows 平台上的遊戲。2011 年進版至 C2 後引擎改為使用 HTML5 語言，得到了非常大的跨平台相容性，開發出的遊戲可以直接輸出為 HTML5 網站，再透過 Cordova 及 NWJS 技術快速轉換成各式 APP。實現了一次開發、多次部署的高效開發流程。

　　尚未安裝 C2 的讀者請至 Scirra 官網下載並安裝最新版本，網址：www.scirra.com。進入官網後下拉至底即可看到下載連結。

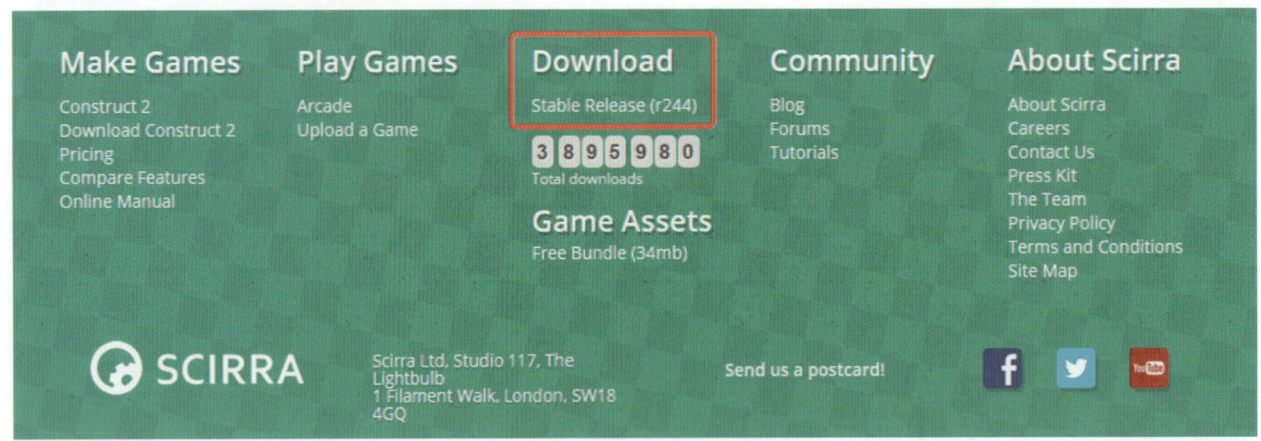

　　C2 的安裝非常簡單，基本上只需點選下一步 Next 即可完成安裝，若有不清楚的部分可以參考本節課程附件中的安裝教學影片。現在請讀者先安裝 C2，裝完後再前進至下一節。

1-2 軟體介面

安裝完畢後請開啟 Construct 2 主程式，首先映入眼簾的會是歡迎畫面，如下圖所示。

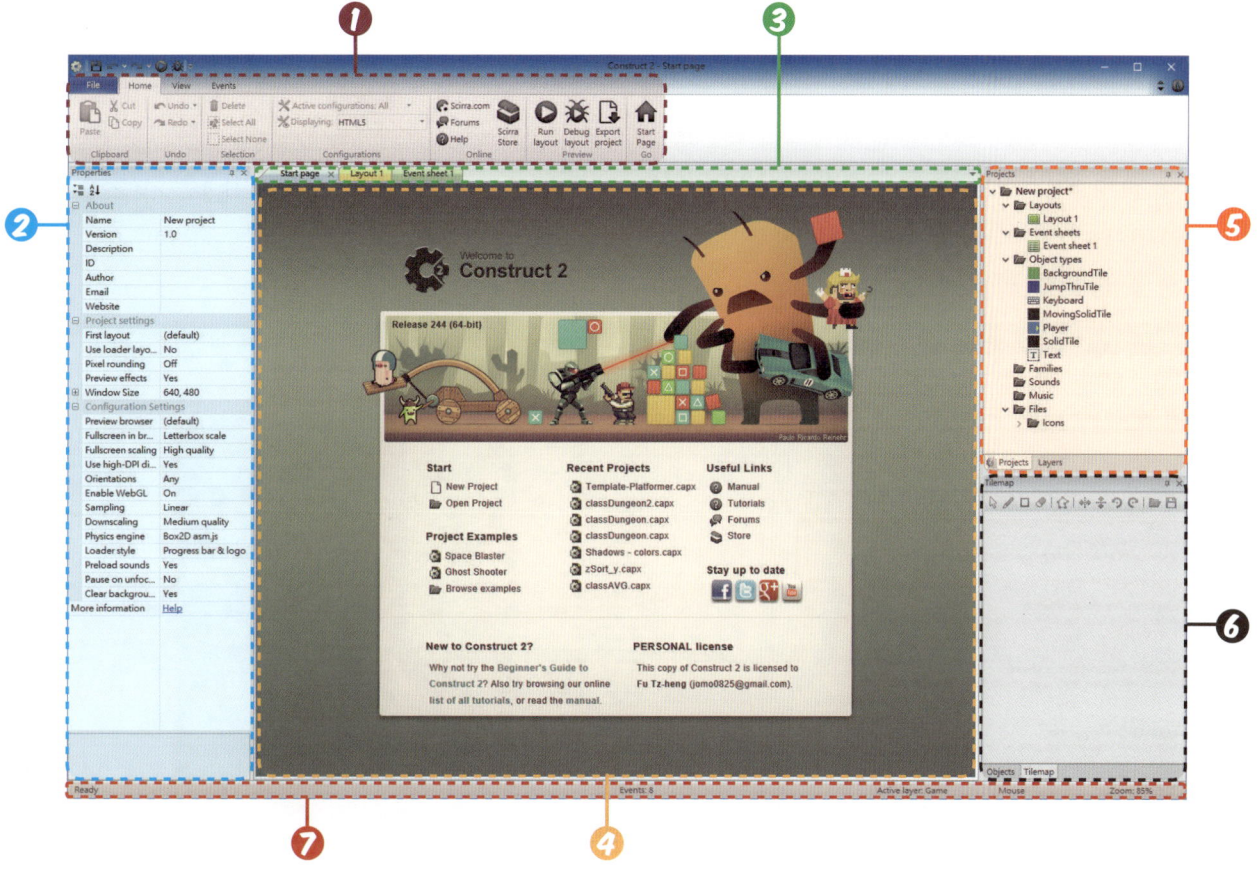

上圖是 C2 主程式的運行介面，其介面由 7 大區塊所構成（對應上圖編號）：

❶ **功能欄**：進行一般性檔案操作，或用來調整其他區域之功能
❷ **參數區**：當選中物件時，此區顯示其參數
❸ **頁面頁籤**：用來切換目前編輯的頁面
❹ **編輯區**：用來編輯佈局與事件表
❺ **專案樹狀圖／圖層區**：顯示專案樹狀圖與圖層列表，兩區複用
❻ **物件區／瓦片地圖區**：顯示物件列表與瓦片地圖列表，兩區複用
❼ **狀態列**：顯示與目前操作相關之狀態訊息

讀者目前不必深究每個區域的功能，我們將會在後面課程中邊做邊學，從操作經驗中來熟悉這些介面。

1-3 開啟自帶範本

從本節開始我們會帶領讀者進行一系列基本的操作，這些操作將會在後面課程中反覆使用到，接下來就請大家依照指示步驟來操作。

首先讓我們開啟一份經典的 C2 範例檔來觀察。開啟 C2 後點選左上角〈File〉→〈New〉叫出新增專案對話框，選擇平台範例〈Template：Platformer〉。成功開啟後會看到一個綠色背景的範例專案。

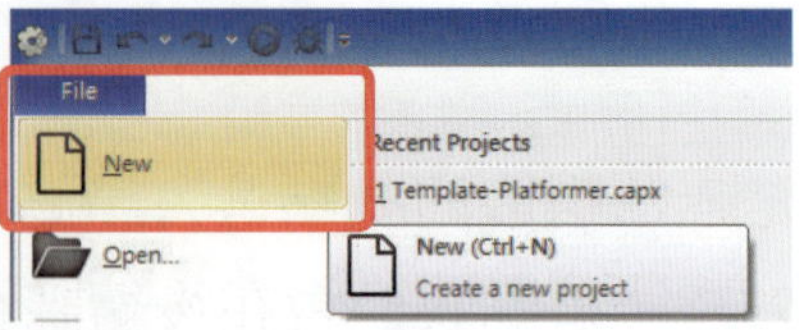

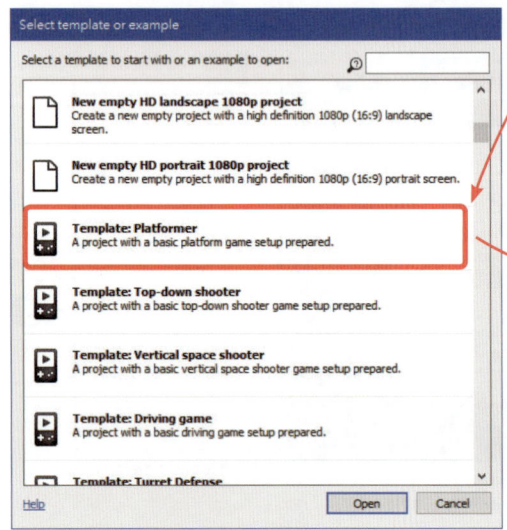

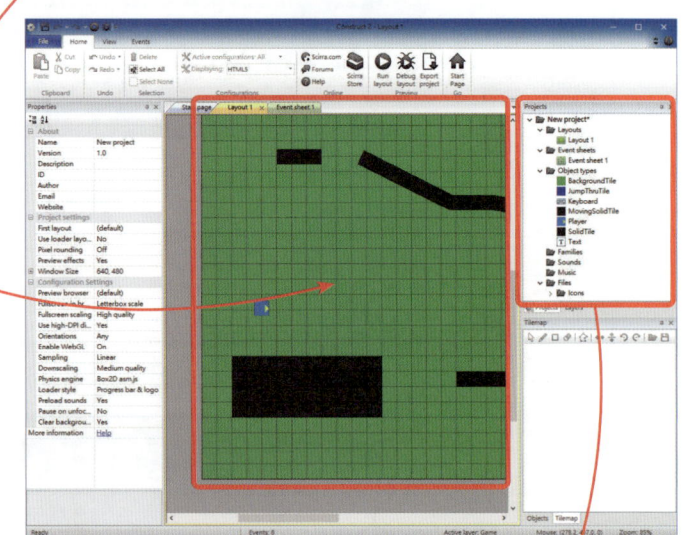

開啟後請看到畫面右上角的 Project 視窗，這個樹狀圖顯示出本範例專案所擁有的內容物，並且依照類別進行分類。以下是各個類別的名稱與涵義：

名　稱	涵　　義
Layouts	佈局，可以理解為關卡的設置。
Event sheets	事件表，此為 C2 的程式碼。
Object types	物件類型，專案內已定義好的物件類型，將之拖曳至佈局即可將之新增至關卡內。
Families	物件家族，可將數個不同的物件類型綑綁為一個群組。此為付費版功能。
Sounds	音效，長度較短的遊戲效果音檔收納於此。
Music	音樂，長度較長的遊戲背景音檔收納於此。
Files	其他檔案。

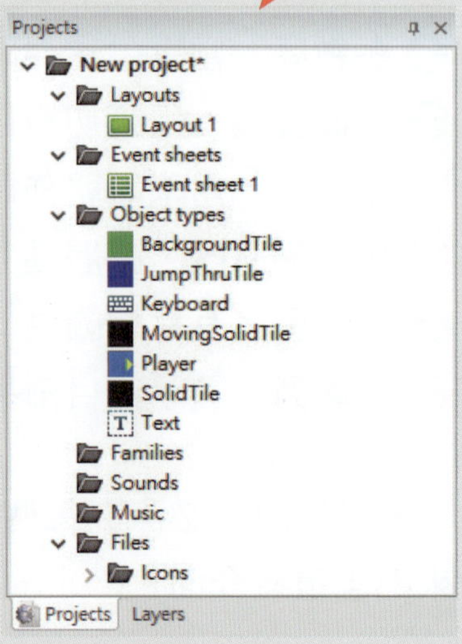

 1-4 圖　層

　　C2 允許佈局維持多圖層的結構，圖層的概念與一般繪圖軟體相同，號碼高的圖層可遮擋號碼低的圖層。看到右上角視窗，點選 Layers 頁籤即可將視窗切換為圖層列表，讀者應可以看到本範例中的圖層共有 3 層，由高至低分別為 UI、Game、Background。請注意 Background 層前方加了一個深灰色大鎖圖像，代表此層被上鎖，而該層的物件目前是無法選取的。點選大鎖圖案即可切換上鎖狀態，適時地切換上鎖狀態可大幅加速工作效率，這點我們會在後續課程中進行示範。

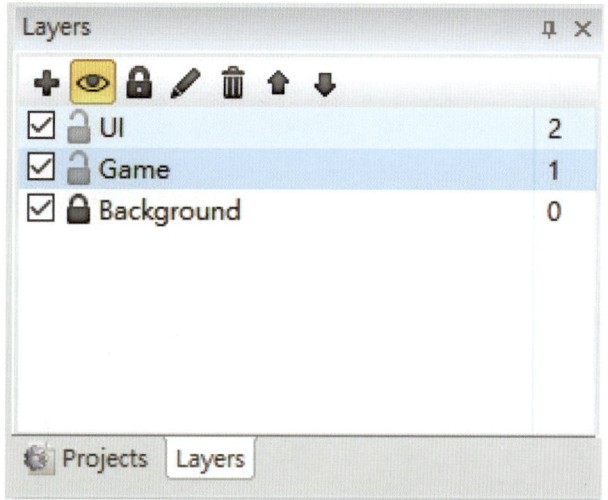

　　由於 C2 免費版只支援 4 層圖層，因此在一般情況下本系列課程僅使用 UI、Game、Background 3 層來進行開發，如有特殊需求才會加入第 4 層。前述 3 層的具體涵義如下：

名　稱	涵　　義
UI	使用者介面層，用於放置通知使用者的訊息，例如：玩家血表、玩家得分、剩餘時間。
Game	遊戲層，用於放置遊戲元素，例如：玩家、敵人、子彈、地板。
Background	背景層，用於放置遊戲背景。

1-5 預覽運行

　　現在請點擊鍵盤上的〈F5〉鍵,或以滑鼠左擊畫面左上角的〈Play〉按鈕執行預覽運行。請依照指示使用 WASD 四個按鍵操縱主角,試試看能否探索完畢整個關卡。

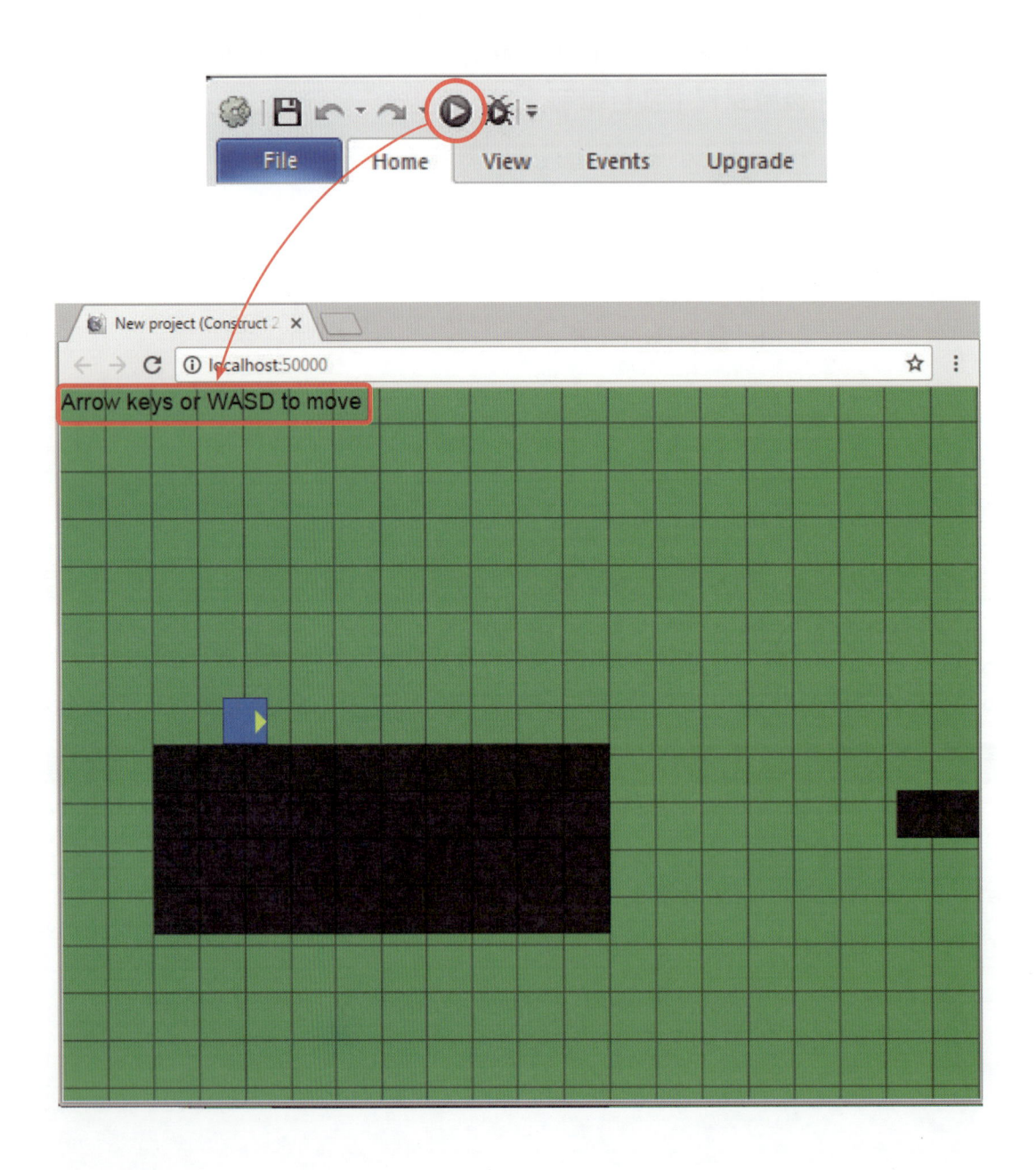

1-6 偵錯運行

　　在設計遊戲的過程中如果出現問題，可以按下鍵盤的〈Ctrl + F5〉按鍵，或是點擊畫面左上角的〈Debug〉按鈕來開啟 Debug 偵錯運行。在 Debug 模式下，我們可以看到完整的遊戲內部數值。請試試看點選左下角樹狀列表中的 Player，觀察 Player 物件內部數值的運行狀況。

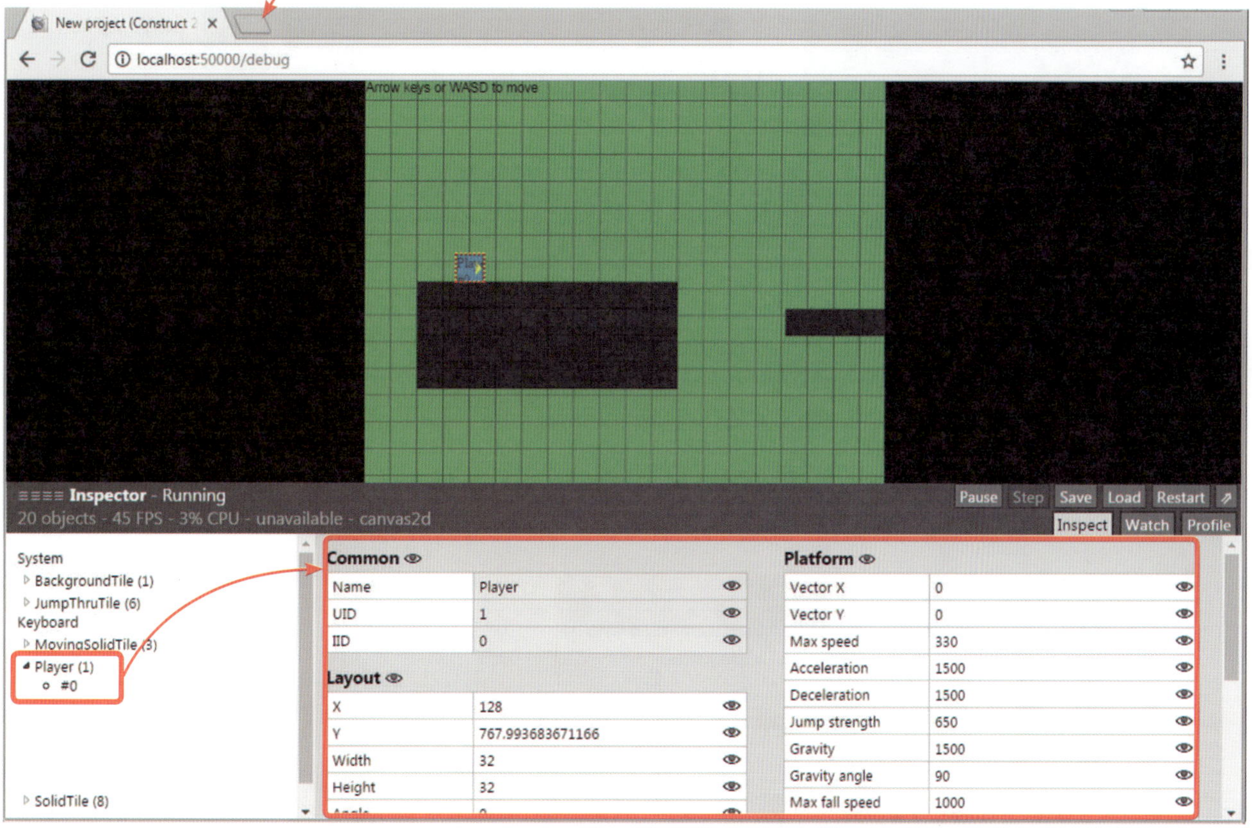

1-7 修改圖像

　　以藍色方框作為主角的影像稍微單調了一些,接下來讓我們修改主角圖像,為主角增添一些活潑的氣氛。以滑鼠左鍵雙擊畫面中藍色方塊,即可叫出 C2 自帶的影像編輯器。這個編輯器的操作方式類似 Windows 的小畫家,非常淺顯易懂方便使用。

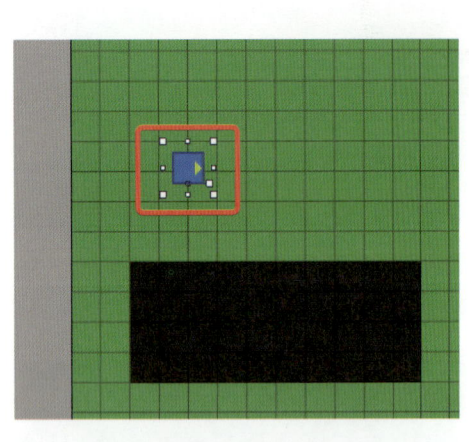
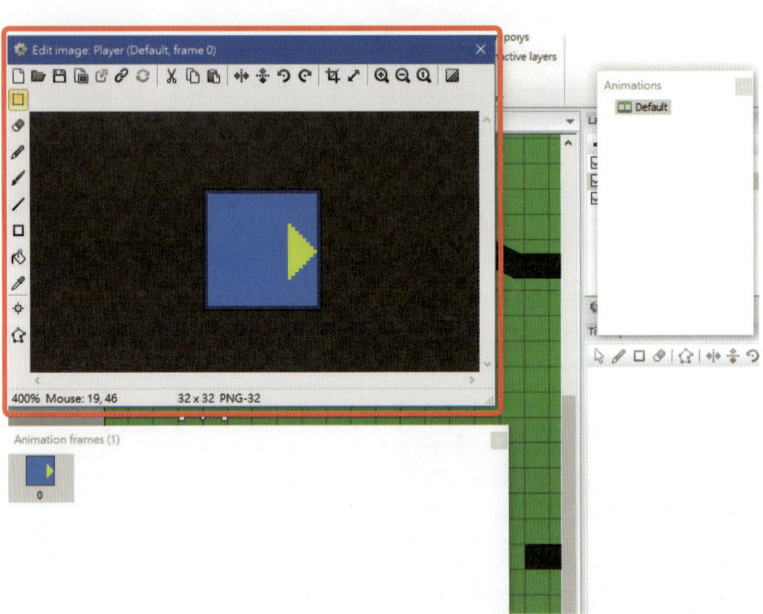

首先點選上方工具列的〈縮放〉功能,將影像的大小改為「128×128」。

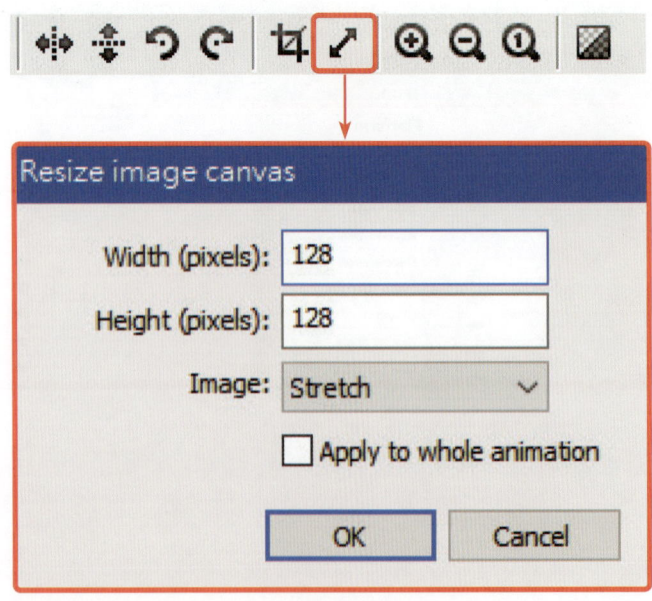

接著請使用框選工具將影像全選，按下鍵盤〈Del〉鍵將既有影像全部刪除。刪除後請使用畫筆工具自行繪製一個新的影像。

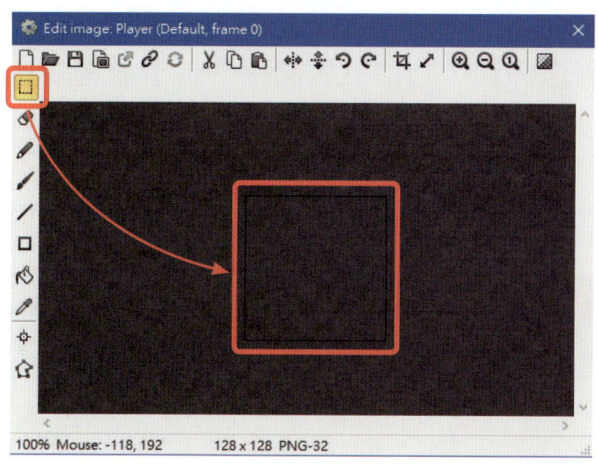
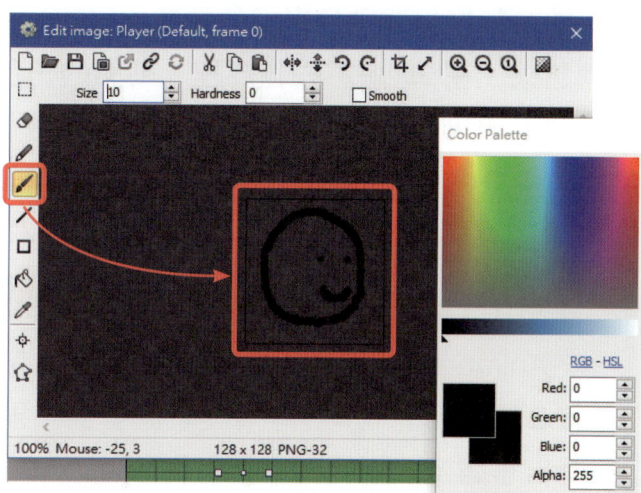

繪製完畢後按下〈X〉鈕關閉影像編輯器，再次點擊〈F5〉運行遊戲試試看。Wow～我們的主角竟然變成剛剛手繪的圖像了！

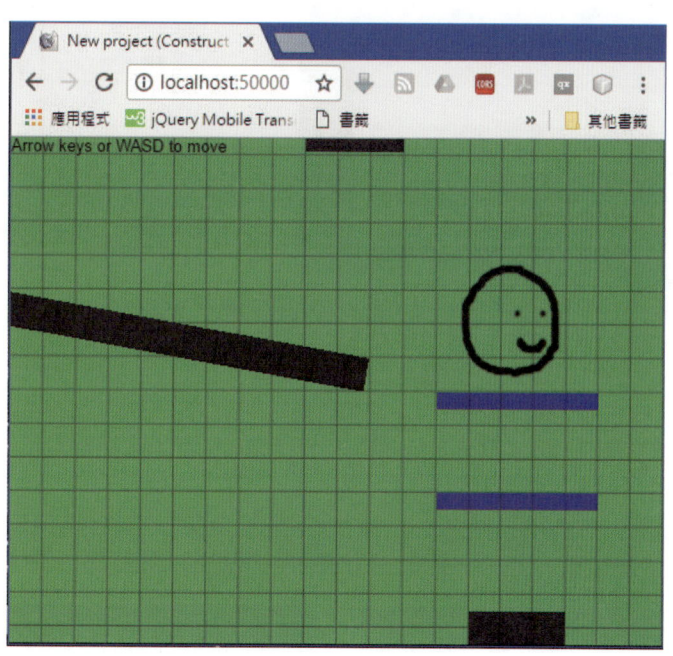

1-8 修改動畫

　　成功掌握修改主角影像的技巧之後，現在我們要來挑戰一項更困難的技術——讓主角動起來。在 2D 遊戲的世界裡，動態的角色影像仰賴〈動畫〉的使用。為了加速讀者學習腳步，我們已經為大家準備好了一組專業的動畫，接下來就讓我們把這組動畫匯入到主角身上吧！

　　首先請以滑鼠左鍵雙擊 Player 物件叫出影像編輯器，在彈出的視窗中找到動畫幀列表 Animation frames。我們可以看到目前這個物件只攜帶唯一的一格動畫，標號為第 0 格，因此他完全不會呈現動畫的效果。請在動畫幀列表的空白處點擊滑鼠右鍵叫出子選單，選擇〈Import frames〉→〈From files〉，將本節素材 Move 資料夾內的 8 張圖框選後按下〈開啟〉，即可將這 8 張圖擴增至既有的影像之後。

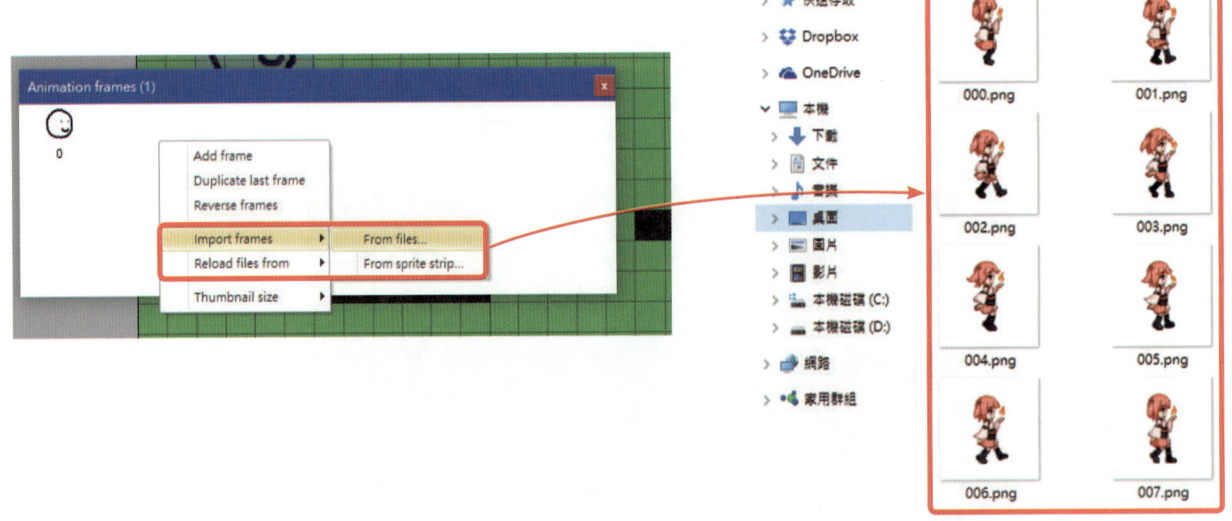

　　選中第 0 格將之刪除，我們的主角就變身成為一位可愛的女孩子了。

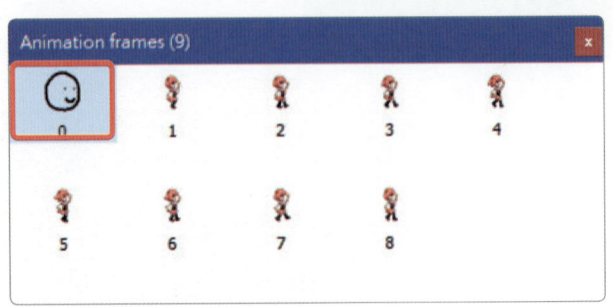

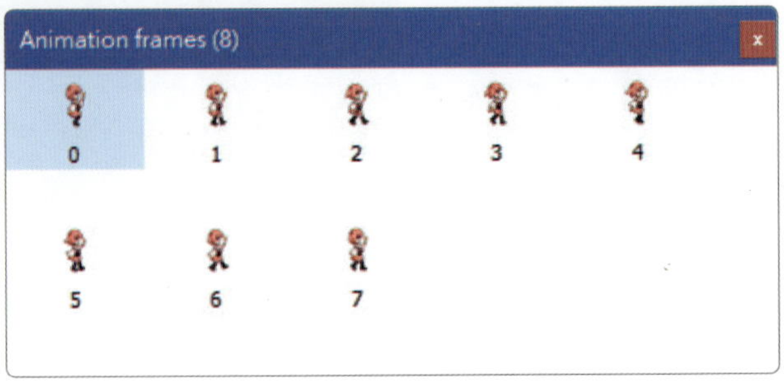

如果讀者按下〈F5〉預覽運行，會發現主角動畫出現了兩個問題：第一個問題是主角腳底下存在多餘的空間，這是因為原圖檔中這個角色的四周本來就存在著空白間隙；第二個問題是主角播放一次就停住了，並且播放速度也過於緩慢，這是因為我們還沒有設置動畫的播放參數。接下來就讓我們修正這兩個錯誤。

雙擊主角開啟影像編輯器。按住鍵盤〈Shift〉鍵不放，再點擊上方的〈裁切〉按鈕，即可將所有動畫幀中的多餘間隙刪除掉。

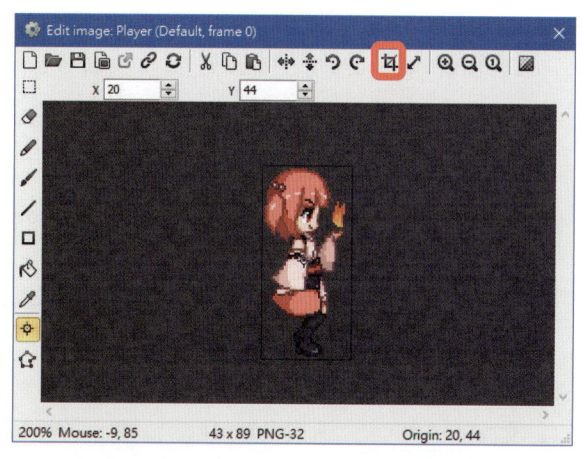

接下來選中動畫列表中的 Default 動畫，看到畫面左側參數欄，將播放速度 Speed 調至「12」，無限回放 Loop 設為「Yes」。至此即完成動畫修正。

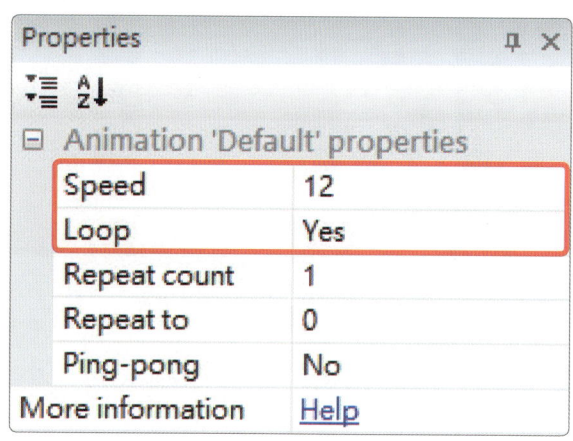

關閉影像編輯器，以〈F5〉運行遊戲，就可以看到我們的主角栩栩如生的動起來了！

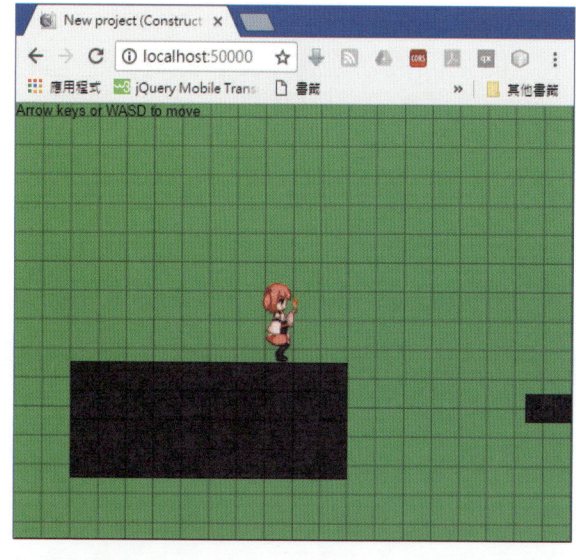

1-9 調整關卡（佈局與視窗）

目前遊戲關卡實在是稍嫌過短，如果想要加長這個關卡應該怎麼做呢？接下來就讓我們教大家如何延長關卡大小，同時也要告訴大家視窗尺寸與佈局尺寸這兩項重要的觀念。

在一般的平台遊戲中，視窗 Window 尺寸與佈局 Layout 尺寸是不同的。讀者可以將佈局尺寸理解為關卡大小，將視窗尺寸理解為手機大小或是螢幕大小。通常來說，關卡會比螢幕大上很多，請看下面的示意圖：

在這張圖中，紅色的部分是視窗，視窗只揭露出一小部分的關卡。而藍色的部分則是佈局，佈局代表的是整個關卡的大小。基於這樣的相對關係我們可以推斷出一則重要的結論：視窗尺寸應當要小於等於佈局尺寸。讀者請千萬別將相對關係弄反了。其次要請讀者注意的是 X 軸與 Y 軸的方向，在 C2 佈局內 X 軸的正向是朝右，Y 軸的正向是朝下。

從上面的示意圖我們可以得知，要增加關卡在 X 方向上的長度，我們應當要增加佈局 Layout 尺寸的 X 值。下面就讓我們來延長關卡吧！

首先我們先點選右上角的專案名稱〈New project〉，看到畫面左方的專案參數。其中有一項 Window Size，本項即為視窗尺寸。請確認其值為「640, 480」即可，這數值代表本遊戲的視窗是橫向擺放的長方形。請觀察即可，勿修改此項。

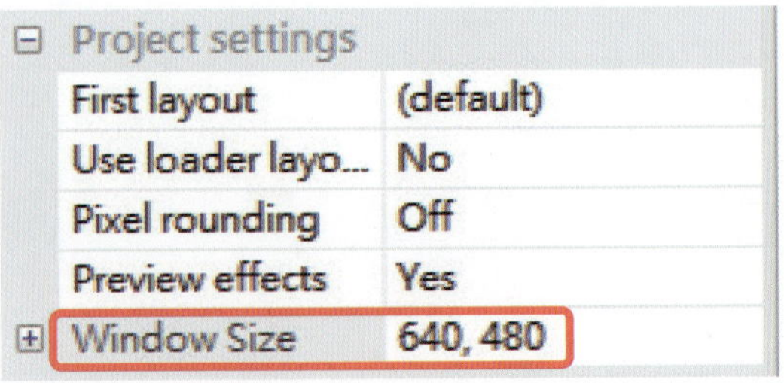

接下來點擊右上角樹狀圖中的 Layout 1，看到左方參數。其中 Layout Size 這項即為佈局尺寸，請將其值改為「12800, 1024」，也就是將關卡的寬延展為 10 倍。

接著請將主角腳底下的平台寬度改為「13000」，讓平台延伸出去。

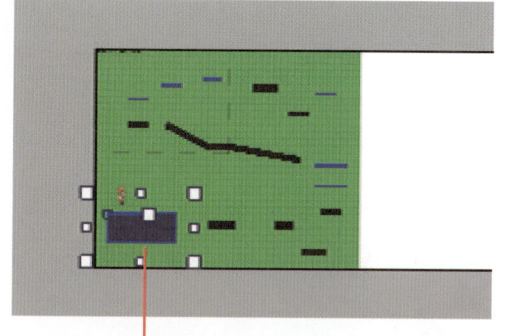

延伸完畢後點擊〈F5〉預覽遊戲，現在整個關卡已延長為 10 倍，請點擊〈F5〉運行遊戲，並將主角向右移動，確認關卡可正確地延長。

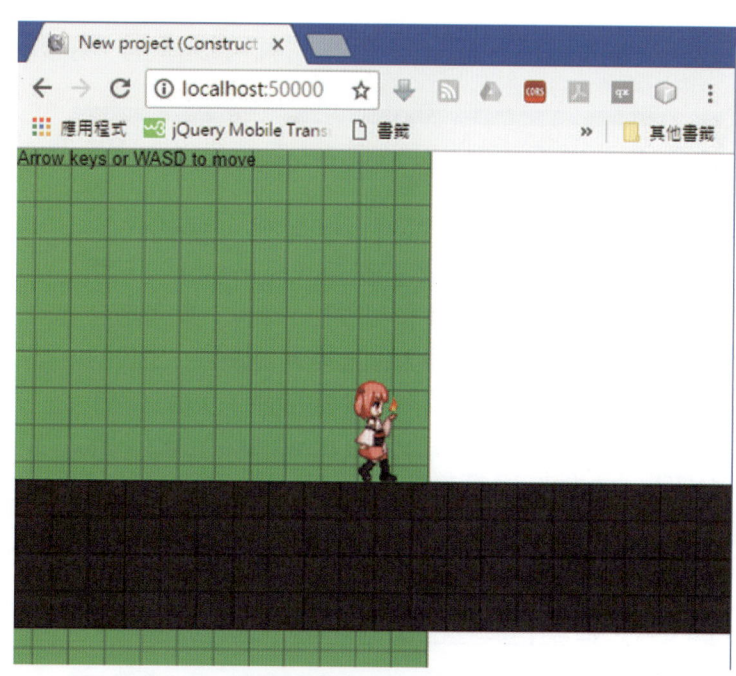

1-10 新增物件與實件

在本課的尾端我們使用一個簡單的發射子彈作為例子，來講解其餘幾項重要的基礎概念，本節首先要講的是物件 Object 與實件 Instance 的關係。

在 C2 引擎內，物件的原始類型稱為物件類型 Object type（簡稱物件），物件可以進行分身產生實件 Instance。當遊戲中的敵人需要成群結隊出現時，這個分身的概念就非常重要了。請看下圖：

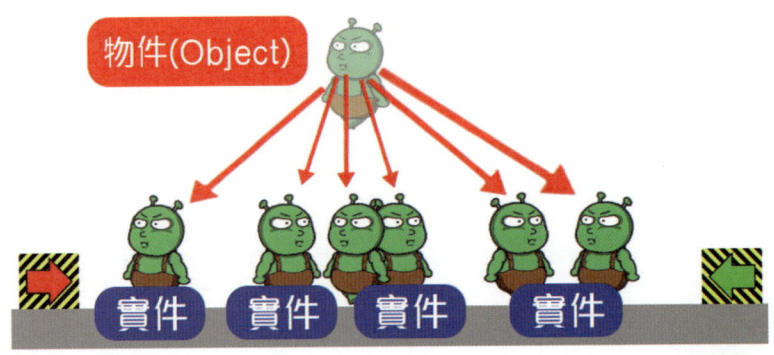

我們的遊戲中存在著一個完美的敵人，這個敵人以物件型態存在記憶體之內。由於此物件還沒出現在關卡內，故上圖使用半透明的方式來代表他鬼魂般的存在。而當引擎收到指令要讓敵人降臨至關卡內時，引擎便會將這物件以分身的方式產生出實件，再將產生的實件擺入關卡中。分身出來的敵人實件將可擁有自己的位置、角度，甚至是血量、攻擊力等等數值，如此一來我們就可以產生一票成群結隊的敵人了。

物件導向的概念（Object-oriented）

早期在運算力與記憶體匱乏的年代，程式內的資料結構只能使用簡單的數值（number）、字元（character），或者是陣列（array）來存放，一來很難構築出不定數量的複雜結構，二來容易遭遇規格變動所帶來的變動風險。直到物件導向編程（Object-oriented programming）的出現，才為工程師帶來好用的 class 與 object 概念。

現在最有名的兩大物件導向語言當屬 Java 與 C#，建議有興趣的讀者可擇一進行學習。

C2 支援各式各樣不同的物件，包括圖像、文字、陣列、周邊設備等等，這些物件的程式碼都已經封裝為模組化的插件 Plugin，不但達到了專業軟體結構的低耦合要求，也實現了模組化擴充。除了官方自帶的插件外，網路上也有許多熱心的第三方開發者從事 C2 插件的開發，其中最為熱心的當屬已經發布 200 多套免費插件的台灣開發者 rexrainbow。我們將會在進階的課程中教讀者如何使用第三方插件。

接下來讓我們新增一個子彈物件。

將圖層切換到 Game 層，以滑鼠左鍵雙擊佈局外側灰色區域兩次，即可叫出新增物件對話框。選擇圖精靈〈Sprite〉插件，在下方 Name when inserted 欄位中命名為「bullet」，完成後點選〈insert〉跳出對話框。

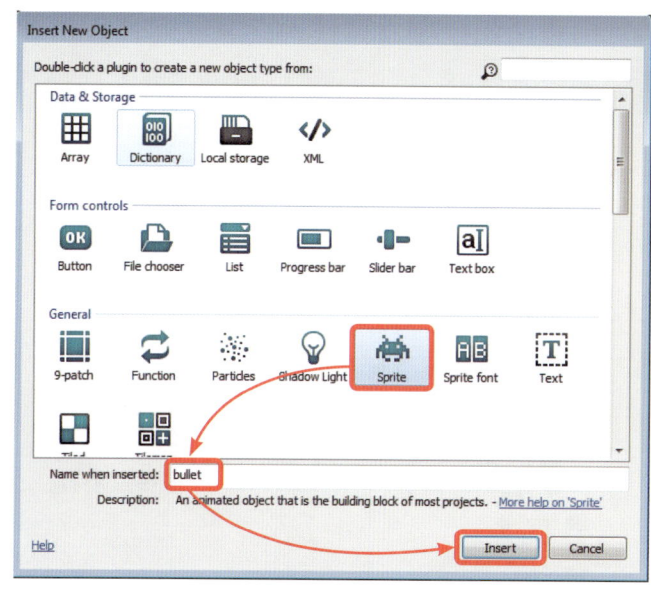

為了加速開發效率，C2 在每次創建新物件類型時會自動進入新增實件模式，此時滑鼠游標會變成**十字準星狀**，方便用戶放置新實件。請將十字準星移至畫面外緣後，點選滑鼠左鍵將新實件放下。

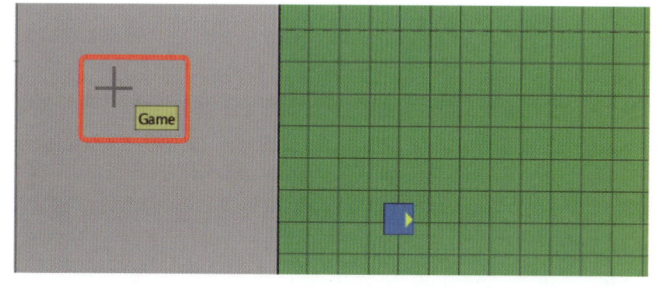

放下之後會自動跳出**影像編輯器**，方便用戶繪製或匯入影像。請在畫布上隨意畫上一顆彈珠形式的子彈。繪製完畢後請按〈Esc〉或點擊〈X〉按鈕關閉編輯視窗。

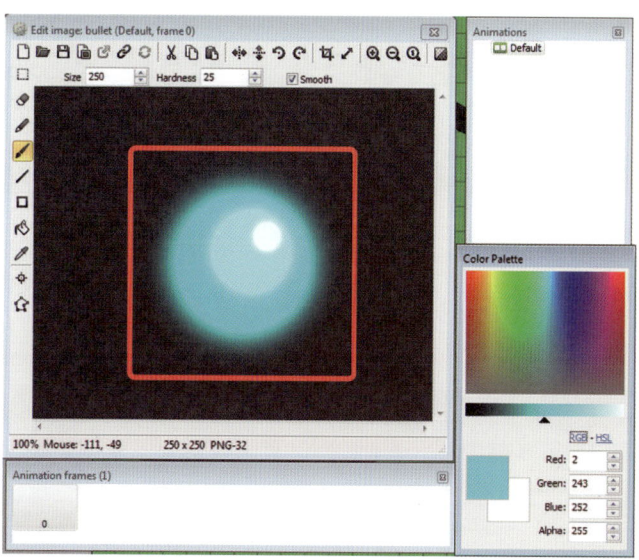

關閉影像編輯器後即可在樹狀列表中找到這個新物件，而在剛剛選擇的座標位置上則會產生一個新實件。請將其放置於玩家正前方，並將大小改為「48, 48」，如下圖所示。

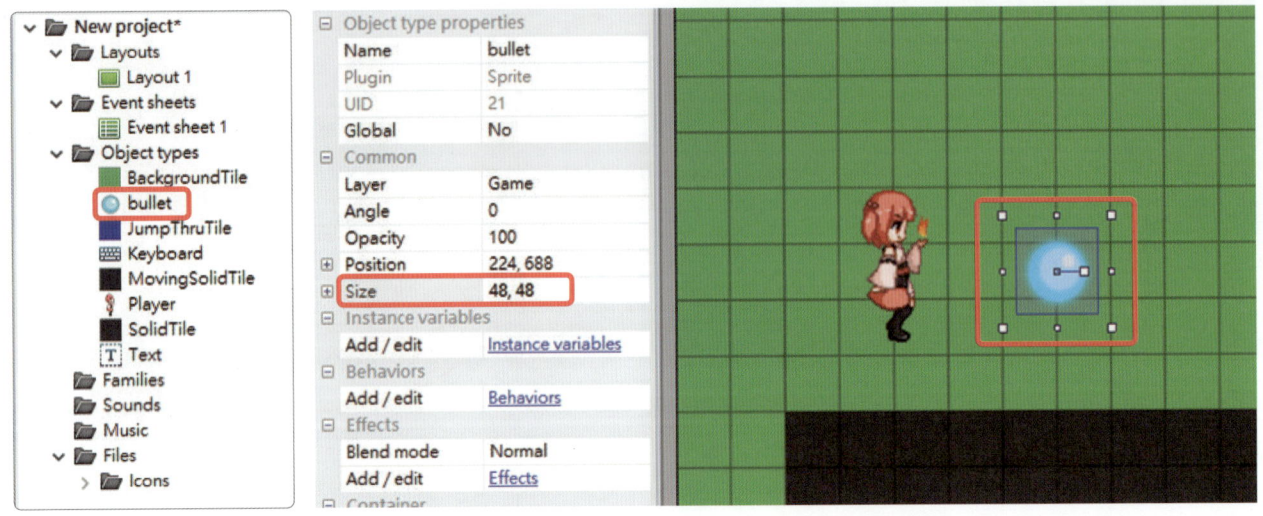

請試試看將樹狀圖中的 bullet 物件拖曳至佈局中，即可將物件分身成為實件。

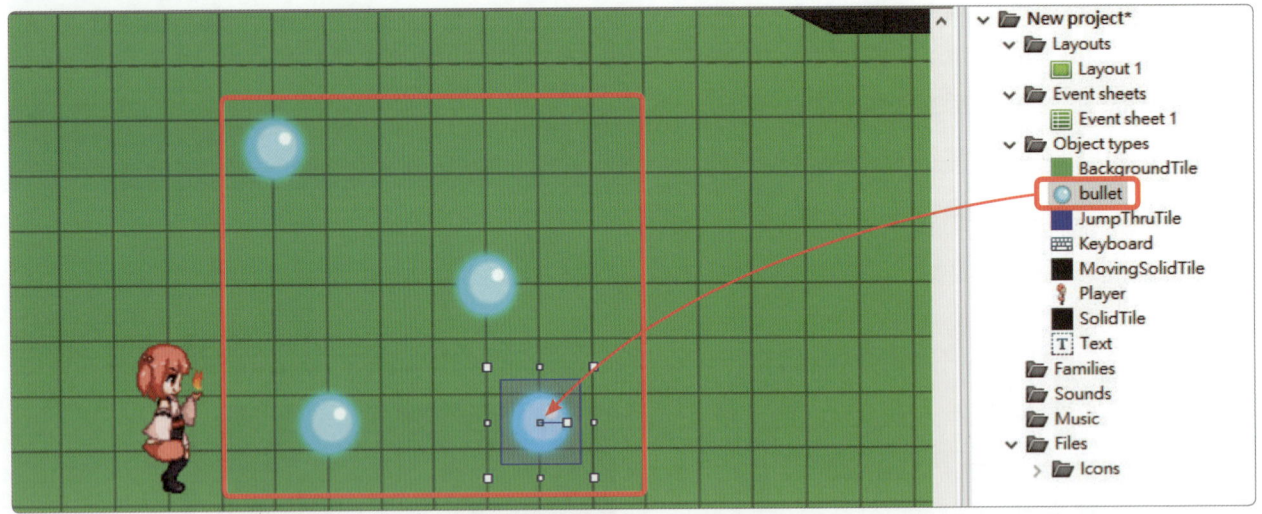

 ## 1-11 新增行為

以傳統編寫程式的方式來實現子彈時（包括碰撞與反射），通常需要用到 50 ～ 100 行甚至更多的程式碼。而當改用 C2 來實現子彈時，僅需要為物件加上子彈行為 Bullet behavior 便可完成，整個過程不需要撰寫任何一行程式碼。接下來就讓我們體驗一下這個威力強大的行為系統吧！

> 選中佈局中的任意一個 bullet 實件，看到左方參數欄。點選行為〈Behaviors〉選項叫出行為列表，目前列表中空無一物，請點擊〈加號〉為其新增一個 Bullet 行為。

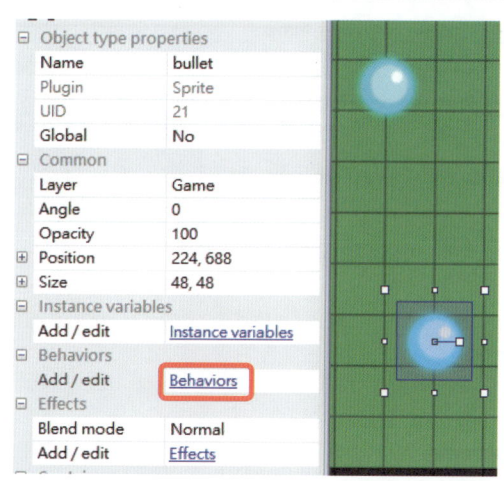 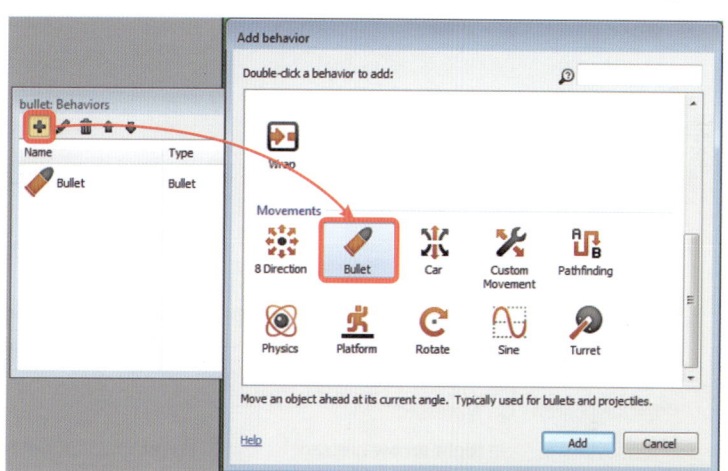

> 完成後點點看其他 bullet 實件，可以看到現在每個 bullet 實件都攜帶了 Bullet 行為。並且在參數欄中也多出了一個 Bullet 欄位，記載著與子彈行為相關的幾個參數。

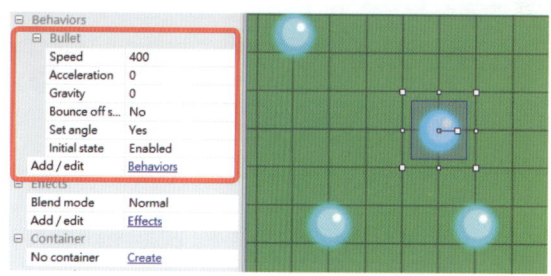

> 點擊〈F5〉運行遊戲，就可以看到畫面中的所有子彈實件都朝向右方飛過去了。

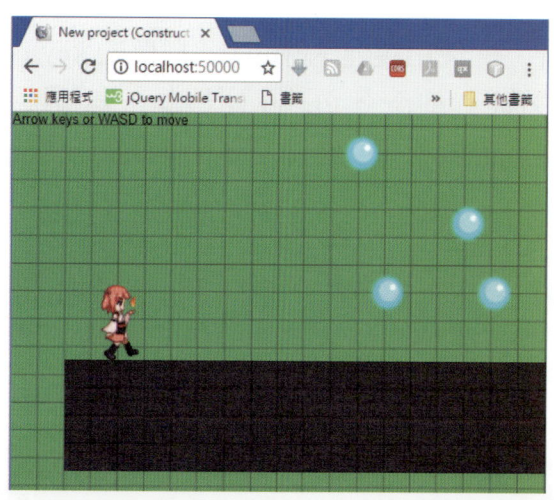

1-12 撰寫事件表

做好了子彈卻不能隨心所欲地發射真是太令人失望了，接下來就讓我們親自來撰寫簡單的發射程式，讓更多的子彈飛起來吧！

切換到 Event Sheet 1 可看到本範例中既有的程式碼，我們先來理解這些程式：

#	條件	物件	動作
	Use the down arrow to allow the player to deliberately drop down through a jump-thru platform.		
1	Keyboard　On **Down arrow** pressed	Player	Fall Platform down through jump-thru
	Allow WASD as alternate controls to arrow keys.		
2	Keyboard　**W** is down	Player	Simulate Platform pressing Jump
3	Keyboard　**A** is down	Player	Simulate Platform pressing Left
4	Keyboard　**S** is down	Player	Fall Platform down through jump-thru
5	Keyboard　**D** is down	Player	Simulate Platform pressing Right
	Mirror the player's image so they appear facing the right way when moving left or right.		
6	Keyboard　On **Left arrow** pressed - or - Keyboard　On **A** pressed	Player	Set **Mirrored**
7	Keyboard　On **Right arrow** pressed - or - Keyboard　On **D** pressed	Player	Set **Not mirrored**
	If the player falls off the bottom of the layout, restart the level.		
8	Player　Y > LayoutHeight	System	Restart layout

讀者們可別被這些程式給嚇唬了，事實上這些程式碼只要看得懂英文就一定可以理解！事件 #1 ~ #5 為處理玩家的移動邏輯，我們舉事件 #2 與事件 #4 作為解說例子。事件 #2 使用鍵盤 Keyboard 插件的 key is down 事件去偵測 W 鍵是否被按住（is down），若成立則命令 Player 使用平台特性去模擬跳躍運動。事件 #4 則偵測 S 鍵是否被按住，若成立則命令 Player 使用平台特性模擬墜落跳穿平台（jump-thru）的運動。其餘幾項事件邏輯相同，也不難理解這 5 項指令與玩家移動操作之間的關係。

接下來事件 #6 與 #7 使用了或（or）邏輯，我們以事件 #6 作為解說例子。事件 #6 以鍵盤插件偵測左鍵或是 A 鍵是否被按下（pressed），若成立則將 Player 的影像做水平翻轉（mirror）。事件 #7 則處理相反的狀況，此處不贅述。

事件 #8 是判斷整個遊戲是否結束的邏輯，程式會偵測 Player 的 Y 座標是否大於佈局的高度（LayoutHeight），若成立則代表玩家已摔出畫面下方，此時應該使用系統 System 的 Restart layout 指令將關卡重啟。

理解了既有的程式碼之後，現在讓我們來加入新的程式吧！

請點選事件 #8 下方半透明的〈Add event〉字樣，點擊後即可新增事件。此處讓我們攔截 J 鍵作為發射子彈的按鍵，請選擇〈Keyboard〉→〈On key pressed〉事件。

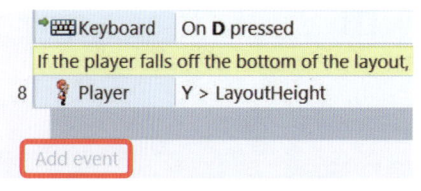

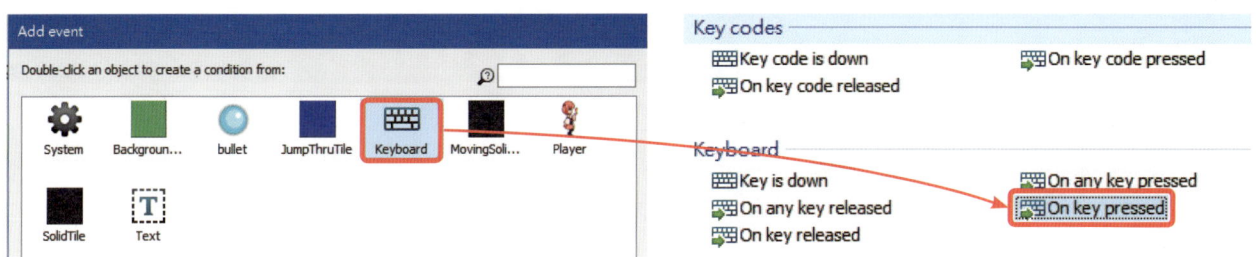

在彈出的設置對話框中點擊〈click to choose〉設置攔截按鍵，在 Choose a key 視窗中按下鍵盤「J」鍵，再點選〈OK〉鈕即可完成設置。

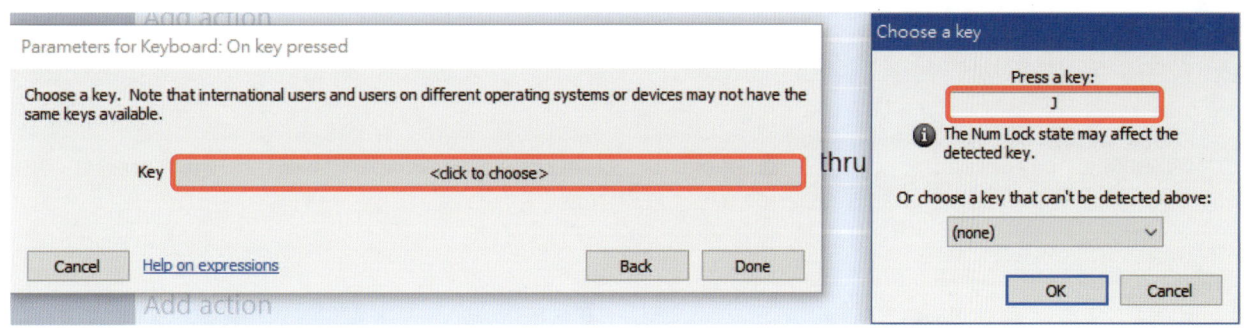

新增的事件 #9 如下圖所示，接下來請點擊事件 #9 右側的〈Add action〉字樣，點擊後即可新增「J 鍵按壓」事件的反應動作。

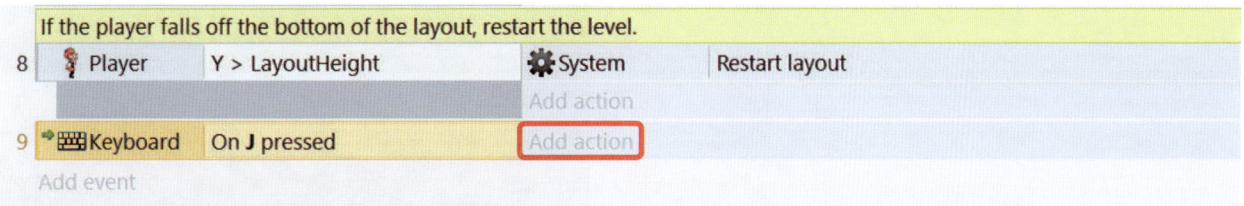

選擇〈System〉→〈Create object〉，利用此事件來創造一個新的實件。

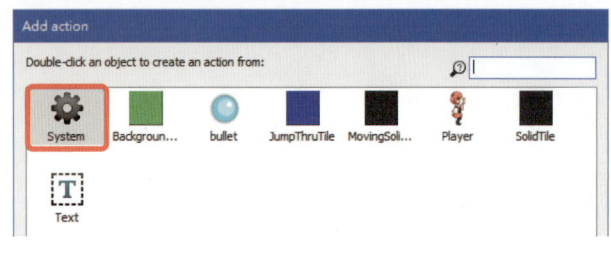
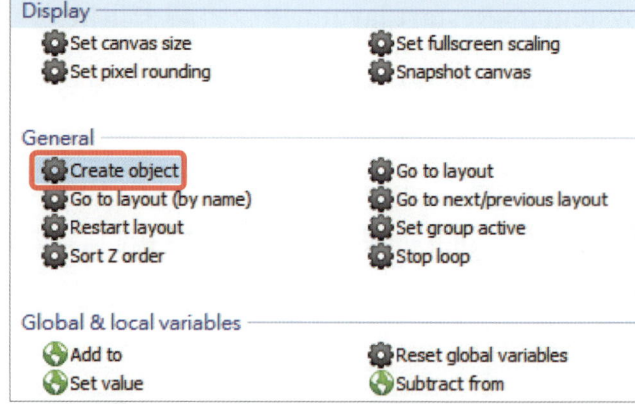

在彈出的設置視窗中選擇〈bullet〉作為原始物件類型，將新的實件創造在圖層 "Game" 層上（注意前後帶有雙引號），創建的座標為（Player.X, Player.Y）。完成後請點擊〈Done〉按鈕。

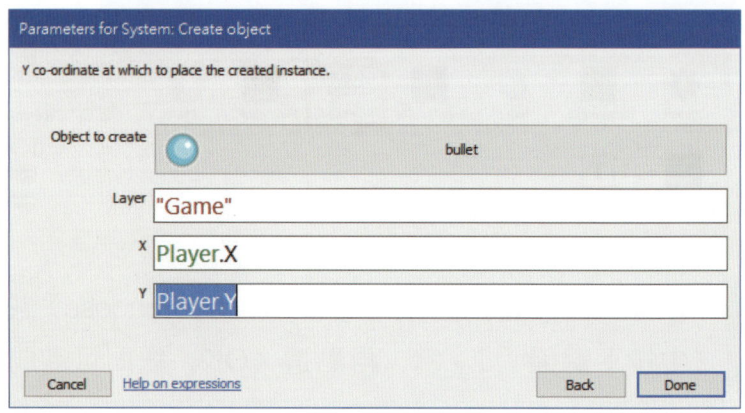

最終創造出來的事件 #9 如下圖所示。

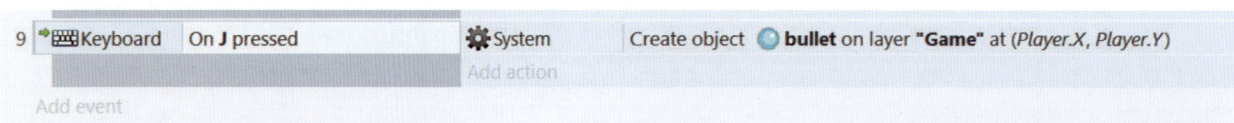

點擊〈F5〉運行遊戲，試試看快速地連打 J 鍵，發射出密集排列的子彈。

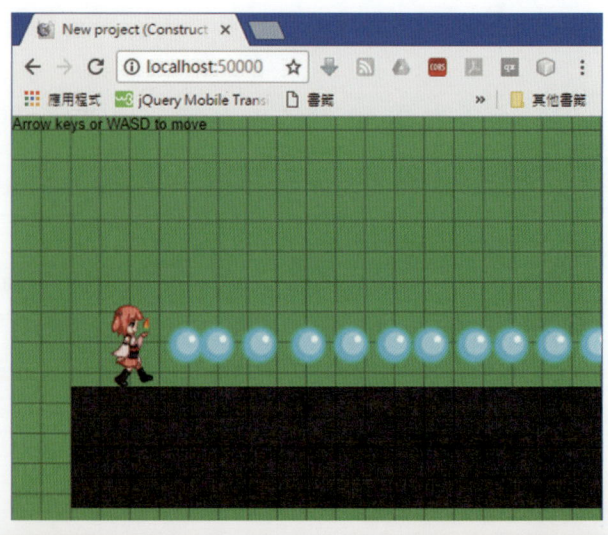

1-13 存 檔

在本課的最後，我們要教大家如何存檔以及將遊戲輸出成為 HTML5 網頁。首先我們來看看存檔的方式，點選畫面左上角的檔案〈File〉功能，可以看到三種不同的存檔方式──Save、Save as project、Save as single file。三者的意義如下表所示：

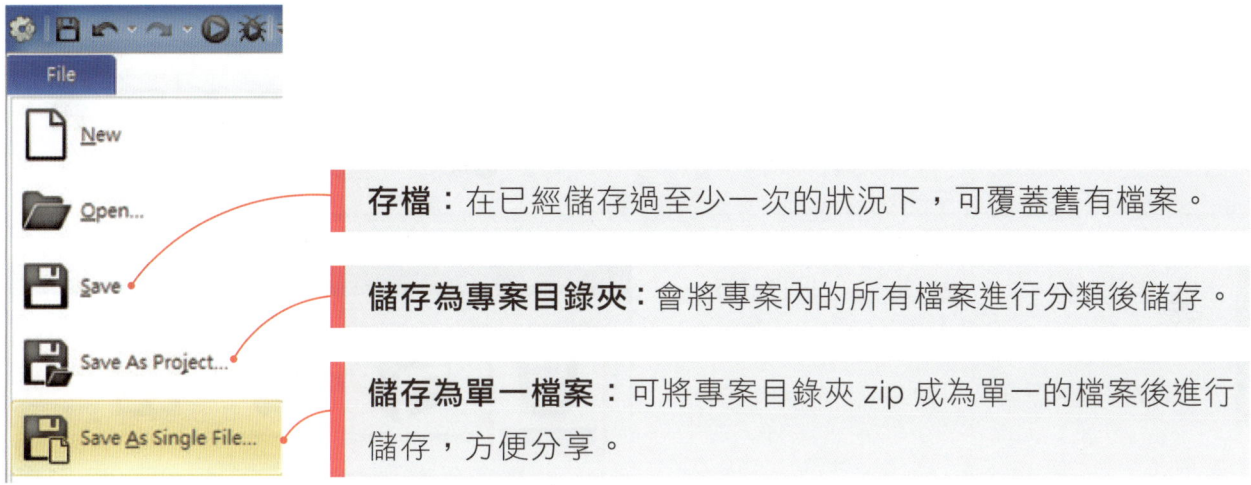

存檔：在已經儲存過至少一次的狀況下，可覆蓋舊有檔案。

儲存為專案目錄夾：會將專案內的所有檔案進行分類後儲存。

儲存為單一檔案：可將專案目錄夾 zip 成為單一的檔案後進行儲存，方便分享。

在學習的過程中建議採用 Save as single file 儲存為單一檔案，不管是繳交作業或是 email 寄送給其他人都很方便。

1-14 輸　出

C2 免費版預設的輸出格式為 HTML5，若想要輸出為 App 或是 PC 執行檔，則須購買正式版授權。輸出 HTML5 的步驟如下：

點擊功能欄中的〈Export project〉按鈕或是按下快鍵〈F6〉可叫出輸出對話框。

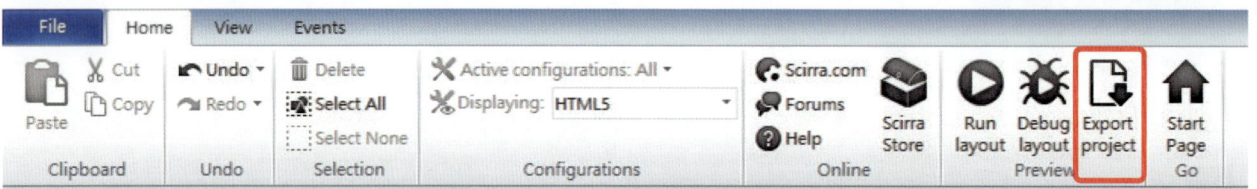

在對話框中，請選取〈HTML5 website〉，可將專案輸出成為 HTML5 網頁。

在彈出的對話框中，請在上方輸入「欲輸出的路徑」。此外為了加速輸出，請將 PNG recompression 設為〈None〉，Minify script 選項「消勾」，如此一來可巨幅加速輸出流程。前者代表 PNG 圖像的壓縮方式，後者代表是否運行程式碼的壓縮，此二選項可於輸出正式發布版本時再設置。完成設置後點選下一步〈Next〉。

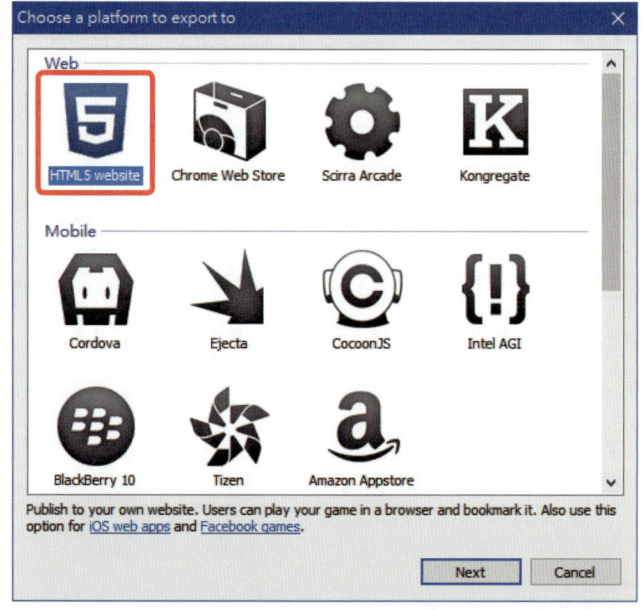

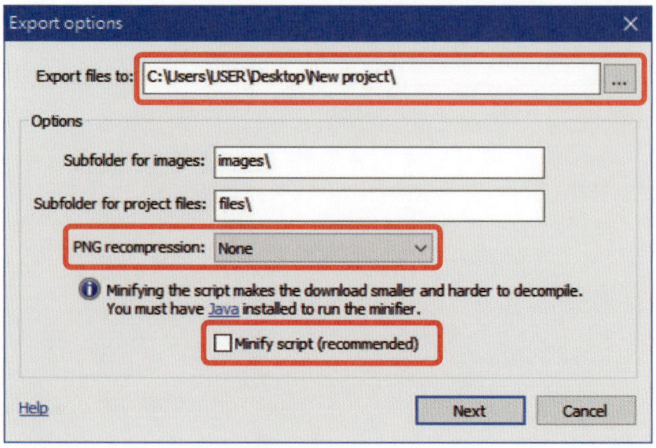

下一步所要設置的是網頁版面的設置，基本上使用一般樣式〈Normal style〉即可。Advert bar style 是帶有廣告欄位的版面，Embed style 是用於嵌入 iframe 內所使用的版面。設置完畢後點選〈Export〉即可將專案輸出。

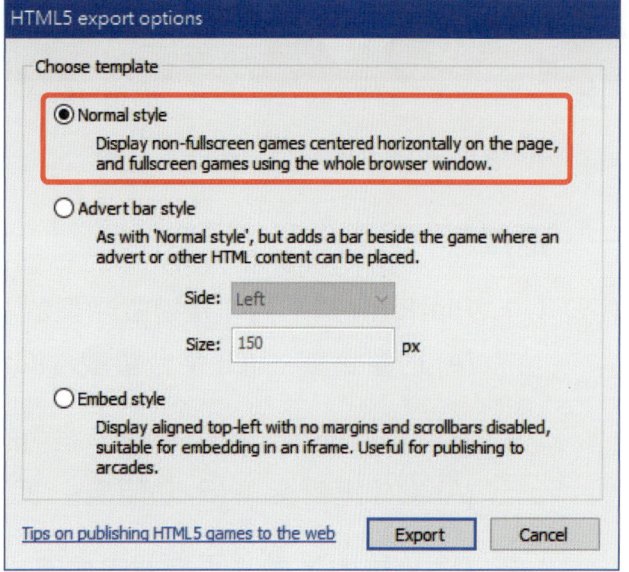

下表為本範例輸出得到的檔案。請注意 C2 所輸出的 index.html 檔，由於使用了 file:// 通訊協議，所以無法直接以滑鼠雙擊於瀏覽器開啟，請確實地將所有輸出檔案上傳到自己的伺服器後，再以伺服器的網路位置運行遊戲。

名稱	修改日期	類型	大小
images	2017/5/30 上午 0...	檔案資料夾	
appmanifest.json	2017/5/30 上午 0...	JSON 檔案	1 KB
c2runtime.js	2017/5/30 上午 0...	Notepad++ Doc...	548 KB
data.js	2017/5/30 上午 0...	Notepad++ Doc...	6 KB
icon-16.png	2017/5/29 下午 1...	PNG 檔案	2 KB
icon-32.png	2017/5/29 下午 1...	PNG 檔案	3 KB
icon-114.png	2017/5/29 下午 1...	PNG 檔案	25 KB
icon-128.png	2017/5/29 下午 1...	PNG 檔案	33 KB
icon-256.png	2017/5/29 下午 1...	PNG 檔案	97 KB
index.html	2017/5/30 上午 0...	Chrome HTML D...	5 KB
jquery-2.1.1.min.js	2014/10/29 下午...	Notepad++ Doc...	83 KB
loading-logo.png	2017/5/29 下午 1...	PNG 檔案	10 KB
offline.appcache	2017/5/30 上午 0...	APPCACHE 檔案	1 KB
offline.js	2017/5/30 上午 0...	Notepad++ Doc...	1 KB
offlineClient.js	2016/9/29 下午 0...	Notepad++ Doc...	2 KB
sw.js	2016/10/7 下午 0...	Notepad++ Doc...	12 KB

評量實作

一、選擇題

(　　) 1. Platform 是下列何種遊戲類型的縮寫？
　　　　(A) 射擊遊戲　(B) 平台遊戲　(C) 物理遊戲　(D) 冒險遊戲。

(　　) 2. 下列何者顯示出目前編輯專案內的所有資源？
　　　　(A) 影像編輯器　(B) 功能欄　(C) 佈局編輯器　(D) 專案樹狀圖。

(　　) 3. C2 佈局的 Y 軸其正向朝向何方？
　　　　(A) 上方　(B) 下方　(C) 左方　(D) 右方。

(　　) 4. 下列哪個指令可以產生出實件（instance）？
　　　　(A) Set mirrored　　　　　　(B) Create object
　　　　(C) Simulate control　　　　(D) Restart layout。

(　　) 5. 在進行存檔時，儲存成為單一檔案的選項是：
　　　　(A) Save　　　　　　　　　　(B) Save as project
　　　　(C) Save as single file　　(D) Load。

二、實作題

請延長關卡，並增添豐富的地形，提升探索關卡的樂趣。

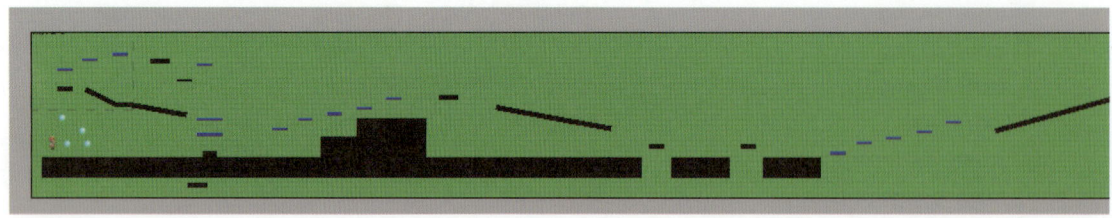

微課 2

經典遊戲
PONG

一起來復刻經典遊戲—"兵兵球"！

2-1　Pong 簡介

　　Pong（譯：乒乓球）在電子遊戲歷史中佔有相當重要的地位，於 1972 年問市。他是第一款打開大型電玩市場的歷史性鉅作，讓電子遊戲真正走進了一般民眾的生活中。Pong 是個雙人對戰遊戲，同時也支持單人遊戲模式，Pong 的實際玩法類似現實世界的乒乓球，而其影像表達則是高度的抽象化。在遊戲中，每個玩家控制著一只彈性擋板，擋板只能垂直向移動，且必須阻擋從對面彈射過來的小球，漏接小球則視同對方得分。

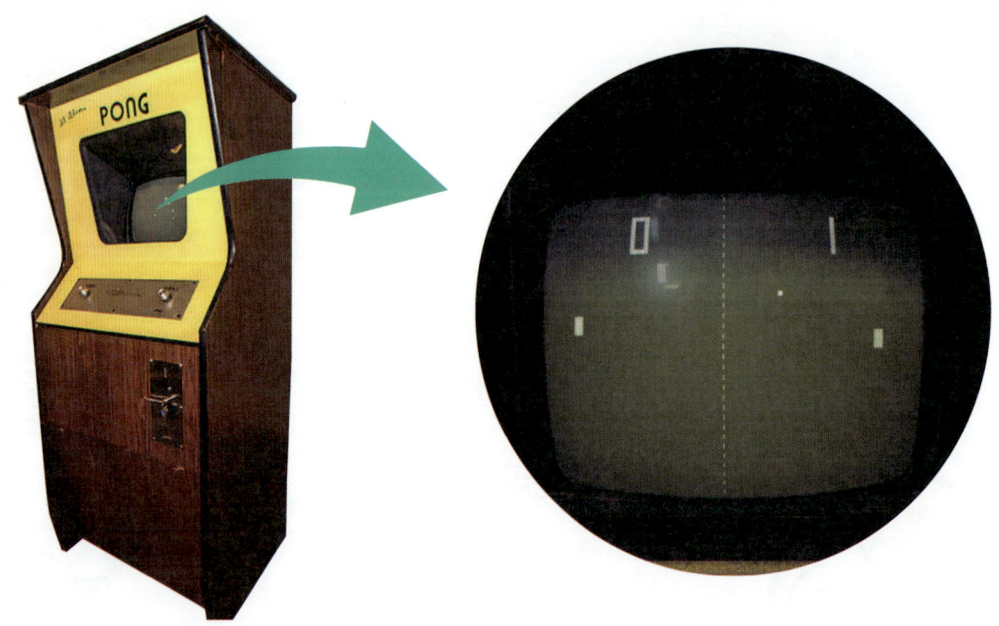

△ 原始的 Pong 電玩機台以及遊戲畫面

　　Pong 的開發商—雅達利（Atari），透過此遊戲成功開啟了他波瀾壯闊的遊戲事業，也在電子遊戲史上留下了許多傳奇性的篇章。

2-2 設計思路

本課預計製作的遊戲成品如下圖所示：

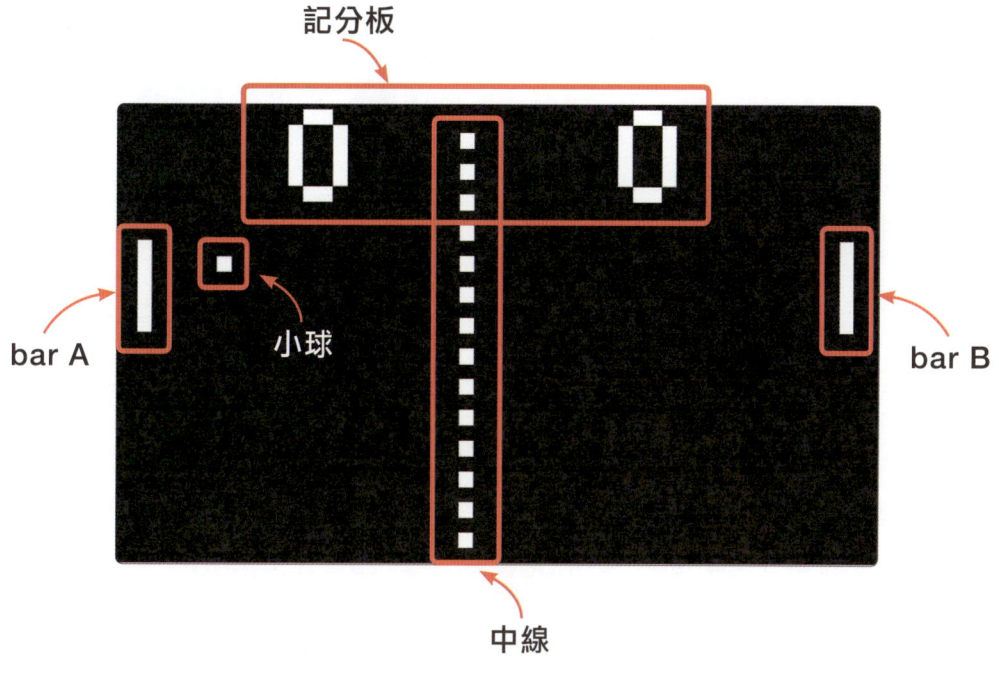

⌃ 本課成品圖

　　barA 與 barB 為擋板，分別代表玩家 A 與玩家 B。小球具有彈力，接觸到 barA 或 barB 時會回彈。畫面上方為記分板，中央為分隔出球場兩側的中線。中線不會與其他遊戲元素交流互動，僅為示意用途。

趣學 Construct 2 設計 2D 遊戲

2-3 新增專案

點選左上角〈File〉→〈New〉，新增一個空白專案〈New empty project〉。

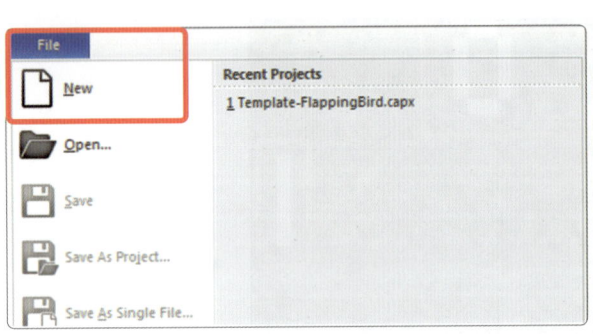
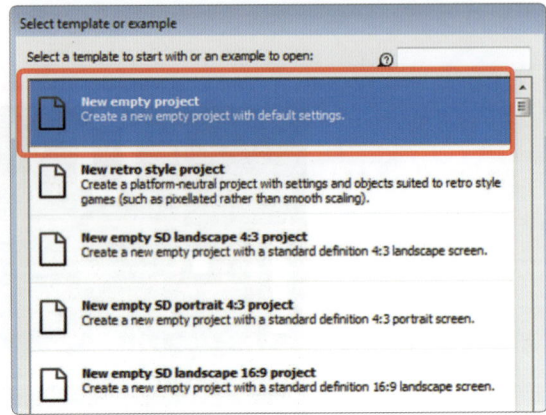

看到右上角專案 Projects 視窗，點選專案名稱〈New project〉後看到畫面左方的專案參數，將本專案之視窗大小 Window Size 設為「854,480」。

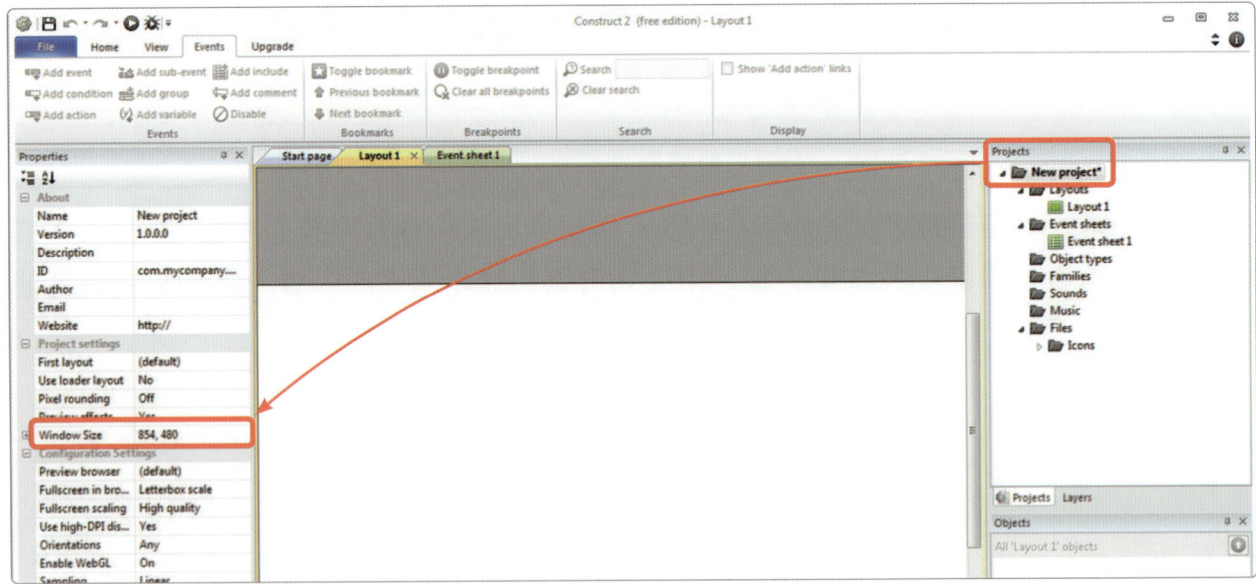

接下來為了加速設計，讓我們開啟佈局編輯區的格線。點擊功能列顯示切換鍵，確實地將功能列顯示在畫面上方。切換到〈View〉頁面，「勾選」黏附格線 Snap to grid 以及顯示格線 Show grid，再將格線寬高 Grid width ／ height 設為「16×16」。設定完畢後隨意點擊編輯區域，即可看到 16×16 的編輯格線。

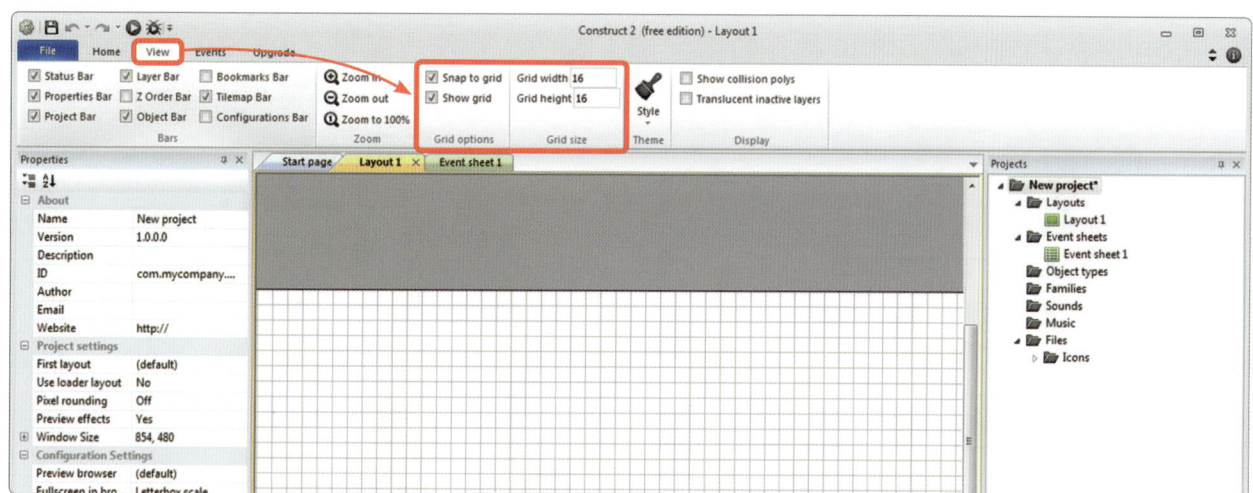

最後調整圖層數目與名稱。切換到圖層〈Layers〉列表，點擊 2 次〈＋號〉讓圖層總數達到 3 層。請使用〈鉛筆〉按鈕或〈F2〉快鍵，將圖層名稱依序由底至頂命名為：「bg、game、ui」。至此完成新增專案設置。

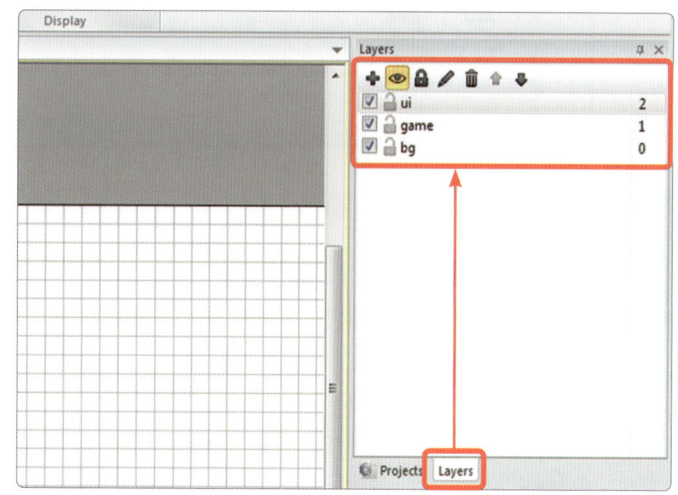

未來的每一課都將會由同樣的步驟開啟新專案，一來可作為課程的暖身，二來可為專案鋪設穩固的架構。

2-4 新增玩家 A 橫板

接下來我們新增代表玩家 A 的橫板 barA。

選中〈game〉層，於佈局編輯區之灰色區域左擊 2 次開啟新增物件對話框。選擇〈Sprite〉插件，以 Sprite 插件新增一個「barA」物件。點擊〈Insert〉後滑鼠游標會呈十字準星狀，標定此物件的放置位置。請將 barA 放置於視窗左側邊緣附近。

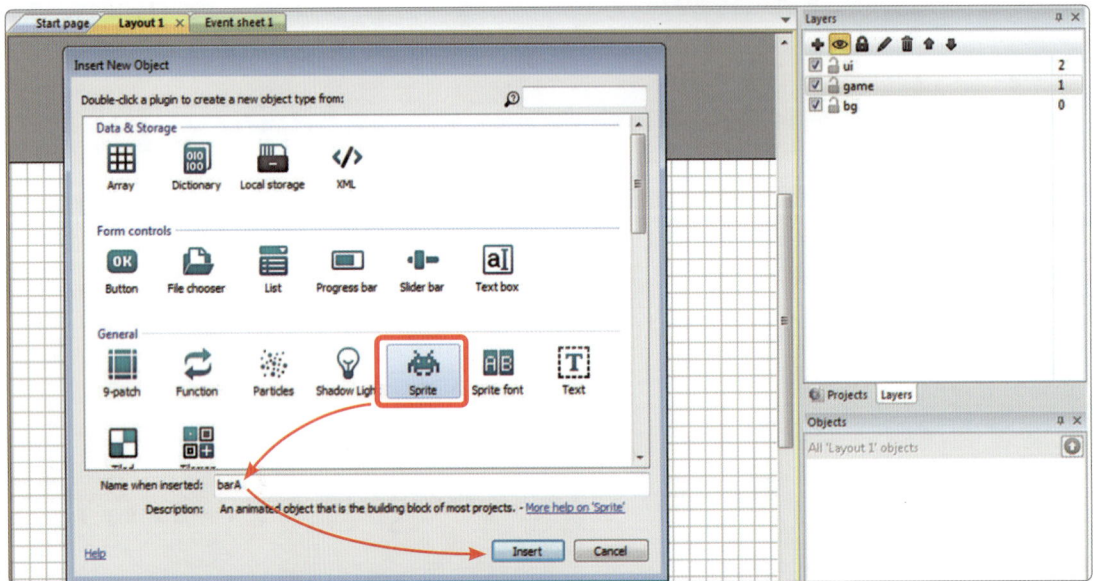

放下 barA 後我們在專案樹狀列表中會看到 barA 出現，同時 C2 會立即幫我們開啟**影像編輯視窗**。C2 的影像編輯視窗與 Windows 小畫家的概念非常相近，讀者可依照對小畫家以及一般繪圖軟體的理解來進行操作。

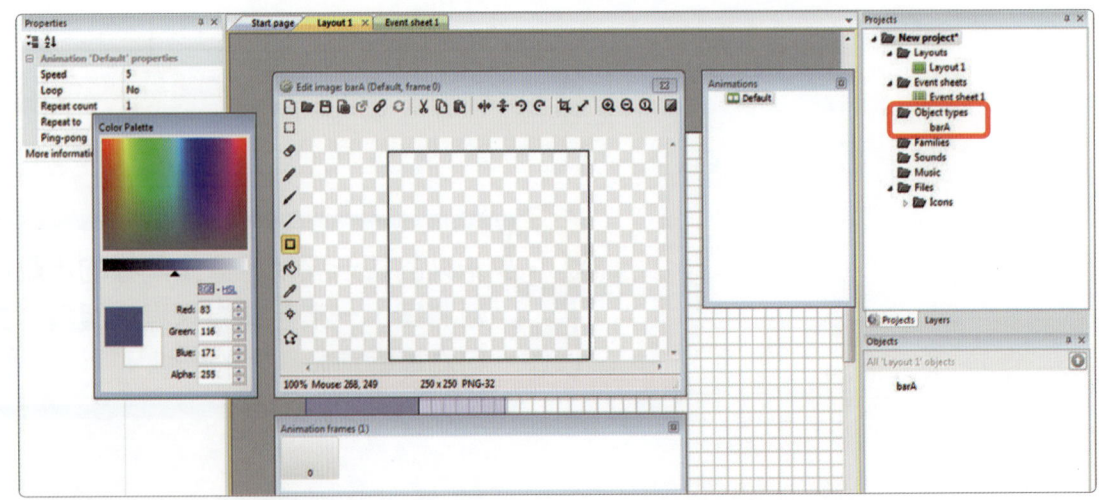

微課 2 經典遊戲 PONG

點選〈縮放〉工具將圖像設為「16×96」。點選〈方形色塊〉工具，以「RGB 值（0,0,0）」之純黑色方塊將影像塗滿。

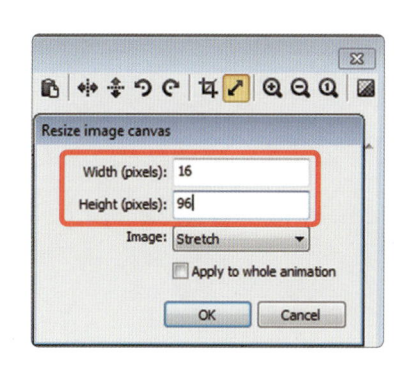

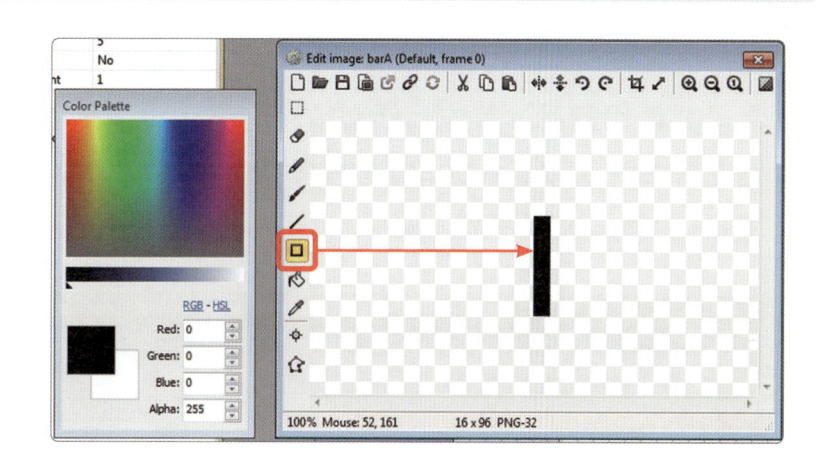

修改完成後點擊〈Esc〉鍵或是點擊〈關閉視窗〉按鈕，將完工的 barA 放置於視窗左側。請注意，在佈局編輯區中**唯有灰色虛線內的部分才會出現於初始視窗內**，擺放完畢請按〈F5〉預覽遊戲。

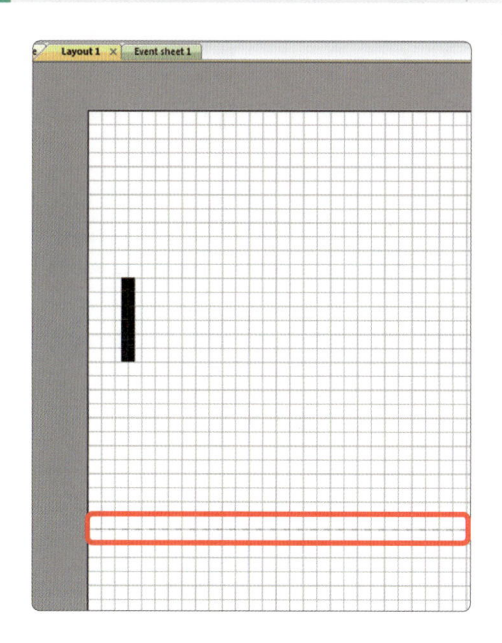

2-5 新增鍵盤控制

接下來讓我們來撰寫事件表，利用程式來控制 barA 的移動。

為了要使用鍵盤，首先我們必須在專案中添加鍵盤 Keyboard 物件。請於佈局編輯區左擊 2 次，以 Keyboard 插件新增〈Keyboard〉物件。完成後即可在專案樹狀圖中看到 Keyboard 物件，如此一來才能於事件表中操縱鍵盤。

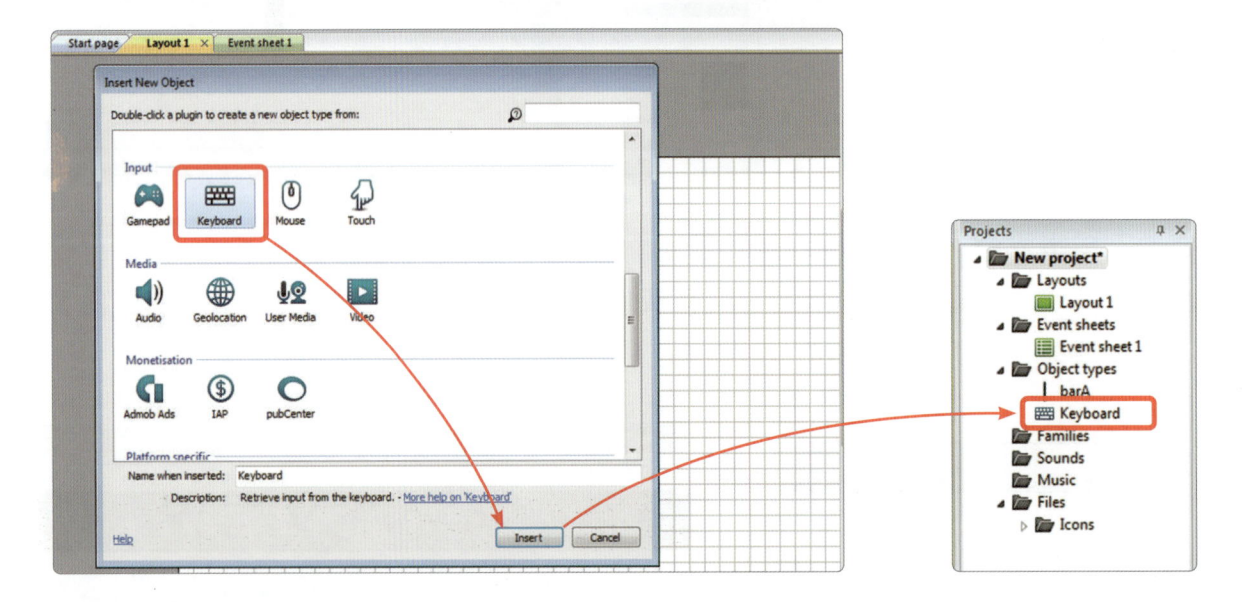

切換到事件表〈Event sheet 1〉，輸入以下事件。

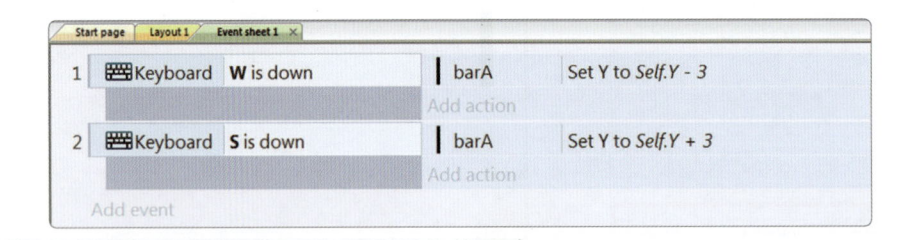

事件 #1 於玩家按住 W 鍵時成立，此時將 barA 的 Y 座標設置為他自己的 Y 座標減去 3。事件 #2 於玩家按住 S 鍵時成立，此時將 barB 的 Y 座標設置為他自己的 Y 座標加 3。設置完畢之後按下〈F5〉運行遊戲，**按下 W 與 S 鍵就能讓 barA 移動了**。

C2 的 X 軸與 Y 軸其定義為何？

在 Construct 2 的遊戲中，遊戲的原點在畫面左上角，其座標為（0,0）。X 軸正向是往右手邊方向；Y 軸正向則是往下方。因此增加物件的 Y 值可讓物件朝下方移動，反之則相反。

知識補給站　　遊戲迴圈 Game loop 與迴圈耗時 delta time 的關係

我們日常生活中所接觸到的顯示設備中，大部分設備會以**每秒 60 次**的頻率更新螢幕，電腦顯示器即為一例。遊戲引擎為了配合顯示器每秒 60 次的刷新頻率，必須同樣以每秒 60 張的速度將畫面傳送給顯示器。若遊戲引擎提供畫面的速度超過每秒 60 張，則多提供的畫面也無法顯示在螢幕上，造成了浪費；相對地，若遊戲引擎提供畫面的速度低於 60Hz，則螢幕上就會呈現不連續的 lag（滯後）反應。因此，每秒運算出 60 張流暢的遊戲畫面，就是遊戲引擎的終極責任。

在具體使用程式來實現遊戲引擎的時候，我們會以迴圈 loop 結構來實現前述 60Hz 的定頻運算，此迴圈結構我們即稱之為遊戲迴圈 Game loop。換句話說，這個迴圈每跑一次的時間應該是 1/60 秒，也就是 16.67ms 左右。這個 **16.67ms 就是所謂的迴圈耗時 delta time**。遊戲引擎必須在這個短短的 16.67ms 內將玩家的輸入與遊戲狀態混合運算，轉換成一張畫面後朝向螢幕輸出，可說是非常地迅速。

C2 的事件表也是一樣的概念，整個專案的所有事件表必須在 16.67ms 之內運算完畢，若失敗就會產生 lag。C2 事件表採由上至下的事件排序來進行運算，不過觸發事件（帶有綠箭頭的事件）可以插隊優先運算，是一個特例。

在前例中，我們每圈將 barA 的座標移動 3 點。Game loop 會將這件事以每秒 60 次進行，因此 barA 每秒可以移動 3 * 60 = 180 點的距離。換算成這個速度之後，聽起來是不是比較有感覺了呢？以下的寫法將可以得到同樣的移動速度，也是一般有經驗的程式工程師會使用的表達方式：

1	Keyboard　W is down	barA	Set Y to Self.Y - 180 * dt
			Add action
2	Keyboard　S is down	barA	Set Y to Self.Y + 180 * dt
			Add action

上面程式中的 dt（delta time）意指引擎前次迴圈的耗時，理想值為 1/60。

我們可以清楚的看到，當使用 dt 來建構移動方程式時，dt 前方乘上的係數其實質涵義就是移動速度，這樣的寫法讓我們微調遊戲時能夠憑想像去猜想速度感。除此之外，這樣的寫法在 dt 受到 lag 影響而變大時，可以做到跳格補償的效果。

2-6 新增玩家 B 橫板

有了製作 barA 的經驗後，我們使用一樣的方式來製作 barB，作為玩家 B 所控制的橫板。在這裡要注意的是，由於 W 與 S 鍵已被玩家 A 使用掉，因此我們打算讓玩家 B **使用鍵盤右側的上下鍵（Up & Down Arrow key）來控制 barB**。

> 請依照 2-4 節的步驟，以 Sprite 插件新增「barB」物件，放置在視窗右側。放置時請注意：灰色虛線部分代表實際遊戲時的視窗邊界。

> 修改事件表，修改完畢後點擊〈F5〉運行遊戲。現在我們可以一人分飾兩角來操縱 barA 與 barB 了。

2-7 新增小球

接下來我們來實作一個會反彈的小球 ball 物件。

選中〈game〉層，於佈局編輯器中左擊灰色區域 2 次叫出新增物件對話框，以〈Sprite〉插件新增一個「ball」物件。

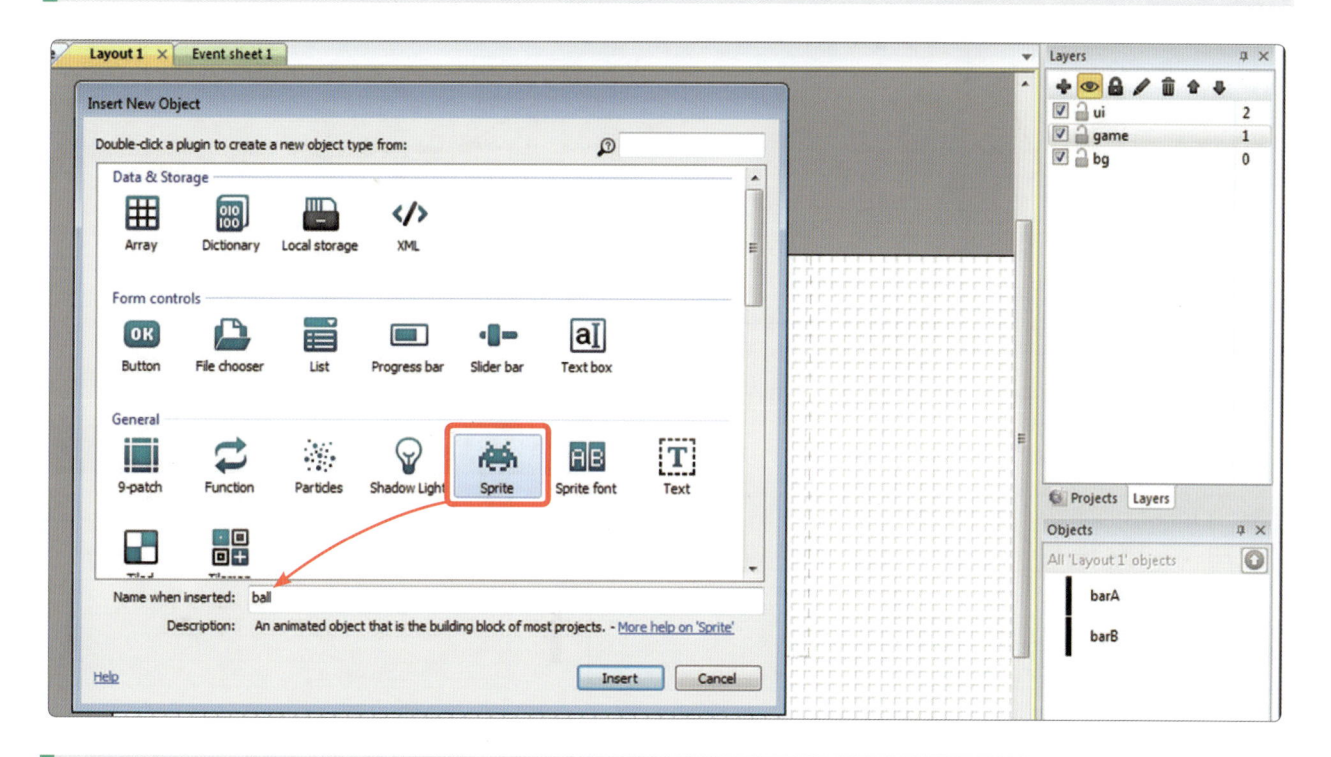

比照 2-4 節中指示的步驟，將 ball 的影像大小設置為「16×16」，**塗上黑色的方塊**。將完工的 ball 放置於佈局中央。

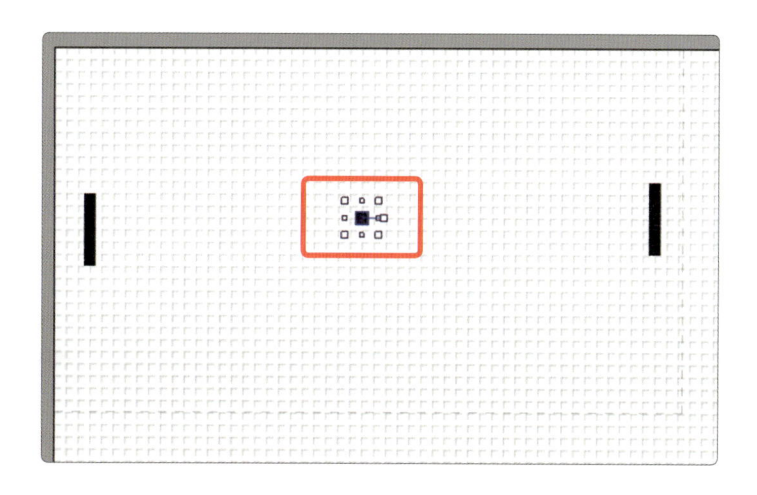

接下來是一個關鍵的步驟：在佈局編輯器中選中 ball 的狀態下看到左側參數欄，點擊〈Behaviors〉開啟行為列表，點擊〈＋號〉為 ball 物件加入〈Bullet〉行為。加入後請將遇固體反彈選項 Bounce off solids 設為〈Yes〉，這樣稍後小球遭遇固體才會反彈。將自動旋轉角度 Set angle 設為〈No〉，小球物件的角度才不會朝射擊方向自動旋轉。

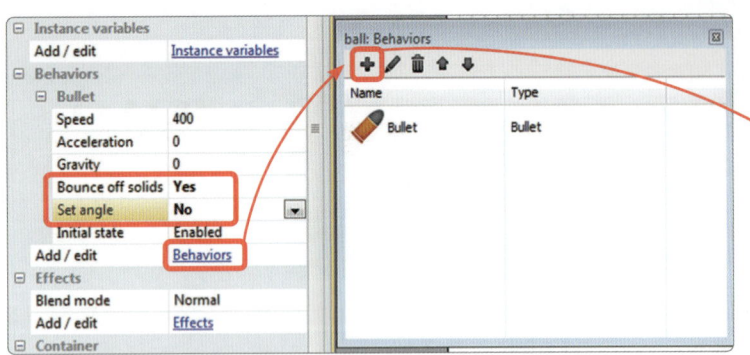

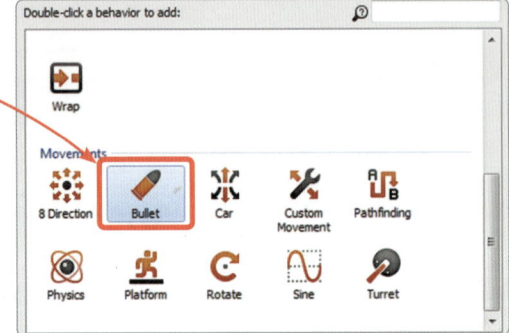

完成後點擊〈F5〉運行遊戲，就可以看到小球像子彈一般飛出去了。不過目前擋板還不能與小球交互作用，因為擋板並未被引擎視為固體 Solid。

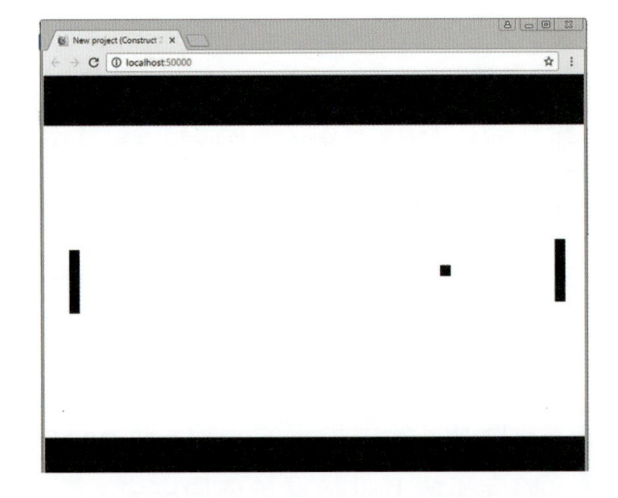

接下來我們將 barB 設為固體 Solid，讓小球撞擊 barB 後自行反彈。選中佈局中 barB 物件看到左側參數欄，點擊〈Behaviors〉開啟行為列表，點擊〈＋號〉為 barB 加入〈Solid〉行為。

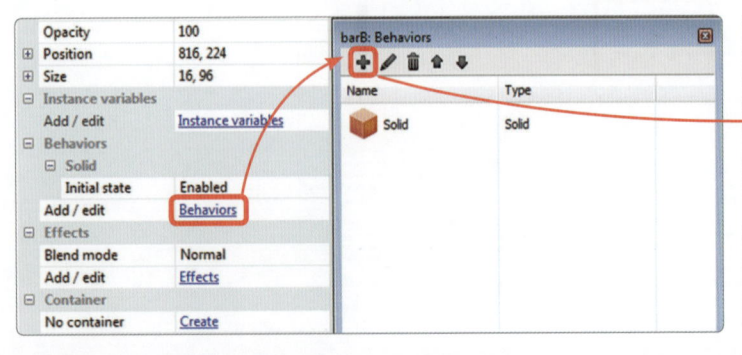

按〈F5〉運行遊戲，應可看到小球撞擊到固體化的 barB 後反彈向左飛行。若無反彈請再次確認 ball 物件的 Bullet 參數欄，看看 Bounce off solids 是否確實設為 Yes。確認無誤後**請依照一樣的步驟將 barA 添加上 Solid 行為**，就可以看到小球無限循環的彈射了。

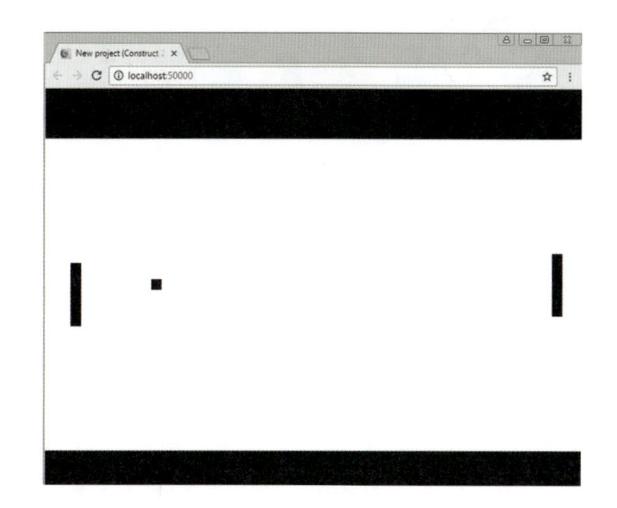

使用 C2 Behavior 製作遊戲的好處

C2 有一個非常強大的地方在於：C2 的行為 Behavior 系統已經覆蓋了大多數遊戲所需的基礎行為，設計師只需要為物件添加所需的行為，即可實現想要的遊戲機制。而稍微複雜一些的機制，則可基於這些行為，自行以事件結構組合出來。稍候我們即會利用事件結構做出隨機反彈機制。

2-8 碰撞偵測與隨機彈射

目前我們的作品還稱不上是一個「遊戲」，因為不存在可玩性（gameplay）。一個提升可玩性常見的作法是**提升機制內的隨機性**，這可以**造成不可預料的結果**，因而**迫使玩家思考策略並選取抉擇**。接下來讓我們撰寫事件表來實現小球的彈射隨機性。

> 切換到 **Event sheet 1**，寫入下列事件：
>
> 事件 #5 使用〈On collision with another object〉事件來攔截 ball 與 barA 碰撞的發生，一旦成立，就將 ball 反彈後的子彈射角〈AngleOfMotion〉加上一個 -20 到 20 間的亂數。其中「random(-20,20)」我們稱之為表達式（expression），表達式是 C2 系統內建的函數，可以進行許多非常方便的運算。此處我們使用的 random() 表達式可專門用來產生亂數隨機數值。
>
> 事件 #6 的邏輯雷同，差異只在於事件 #6 偵測的是 ball 與 barB 的碰撞。

1	Keyboard W is down	barA	Set Y to Self.Y - 3
2	Keyboard S is down	barA	Set Y to Self.Y + 3
3	Keyboard Up arrow is down	barB	Set Y to Self.Y - 3
4	Keyboard Down arrow is down	barB	Set Y to Self.Y + 3
5	ball On collision with barA	ball	Set Bullet angle of motion to Self.Bullet.AngleOfMotion + random(-20,20) degrees
6	ball On collision with barB	ball	Set Bullet angle of motion to Self.Bullet.AngleOfMotion + random(-20,20) degrees

完成後點擊〈F5〉運行，應可以看到小球遇擋板反彈。然而這裡又出現了新的問題：在經過數次彈射後，小球竟然會彈射出畫面的上下方，射至畫面的外側而消失，這絕對是不允許的。這又該怎麼處理呢？

答案很簡單，我們只需要在畫面上下兩側各增 1 面擋牆物件，再為這些擋牆物件添加固體 Solid 特性，這樣小球就可以被彈回畫面內側了。

以 Sprite 插件新增「wall」物件，影像大小設為「32×32」的黑色方塊即可，因為小影像占用的記憶體較小。**將 wall 放置於畫面上方**，並且將 wall〈縮放〉至適當的大小，完成後為 wall 添加〈Solid〉。

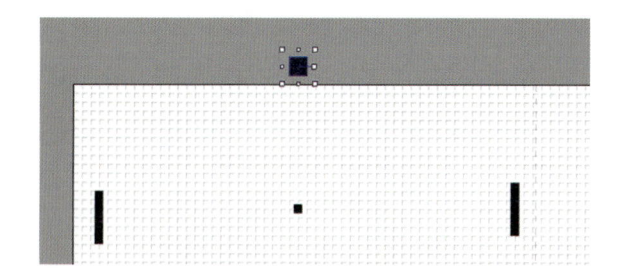

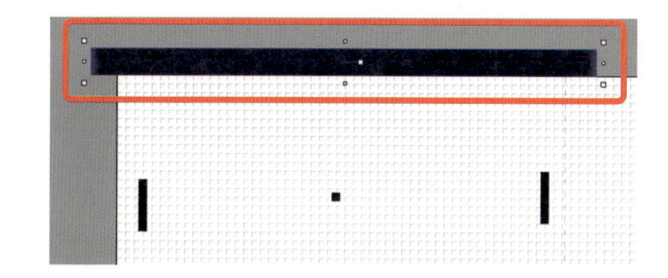

選中 wall 物件按〈Ctrl+C〉複製，再按〈Ctrl+V〉貼上，放置一個複製的 wall 於視窗下方。

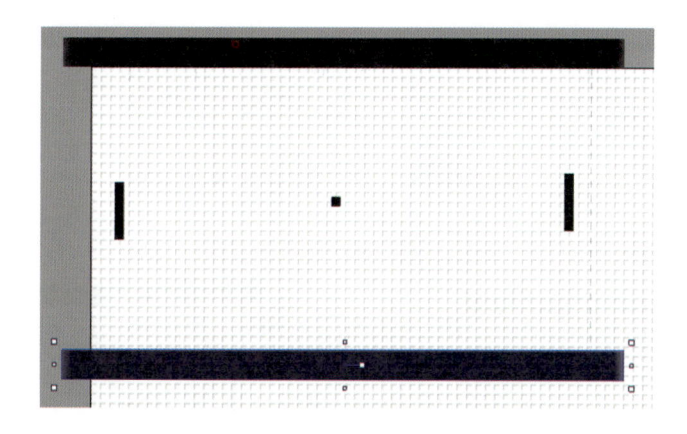

完成後點擊〈F5〉運行。一個具體而微的 Pong 遊戲原型誕生了！請試著自己與自己對打，看看能不能分出勝負。

為何碩大的 wall 物件其影像只設為 32×32 即為足夠？

在設計遊戲的過程中，有一件極為重要的事情就是得隨時留意系統資源。所謂的系統資源包括儲存在硬碟時所耗費的硬碟容量，運行於記憶體中時所耗費的記憶體容量，以及運算遊戲邏輯時所需的 CPU 時脈。

對於 wall 物件來說，其影像不過就是不帶花紋的黑方塊。因此我們可以巧妙地將原圖設為一塊大小僅 32×32 的小方塊，再要求程式利用縮放的方式將其展開。如此一來原圖在記憶體中將以 32×32 的黑方塊形態存在（有些遊戲引擎甚至會幫忙將數張圖片整併），可以有效節省記憶體資源。

2-9 新增計分機制

為了繼續提升遊戲的可玩性，我們引入**計分競賽**的概念。在 C2 內我們可以很輕鬆地使用全域變數 global variable 來儲存遊戲運行中的各項數值。稍候我們新增兩個全域數字變數 scoreA 與 scoreB，用來代表玩家 A 與玩家 B 在遊戲中的得分。並且在 barA 與 barB 身後放置偵測小球的計分擋板，偵測是否小球突破了玩家防守區域，達到了加分的條件。

首先我們先新增加分擋板。切換到〈game〉層，以〈Sprite〉插件新增一個「addScoreA」物件，影像大小設為「32×32」的洋紅色方塊。將 addScoreA **放置於畫面右側之外**，用以偵測小球是否突破了 barB 的防守。

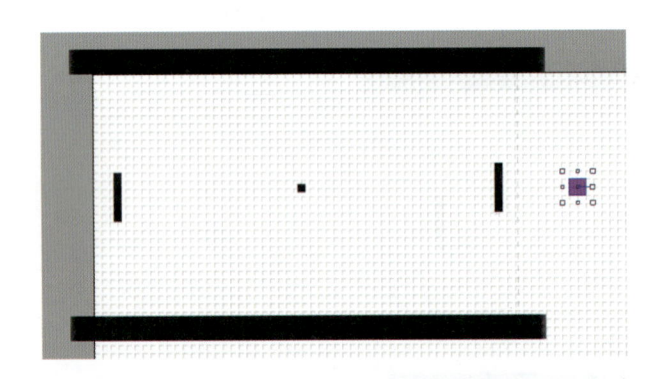

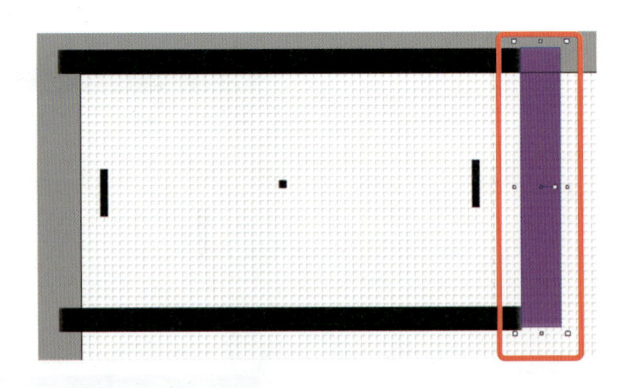

接著我們來撰寫事件表。**切換到 Event sheet 1 新增一個全域數字變數**，可點擊快鍵〈V〉或是點選功能列中的〈Events〉→〈Add variable〉來新增。將此變數取名為「scoreA」，型別為數字〈Number〉，初始值設為「0」，我們稍候使用這個變數來計算玩家 A 的得分。

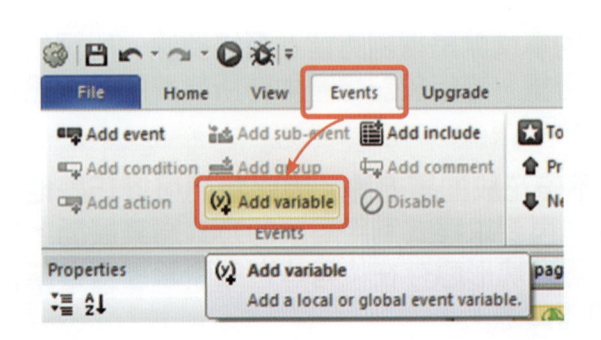

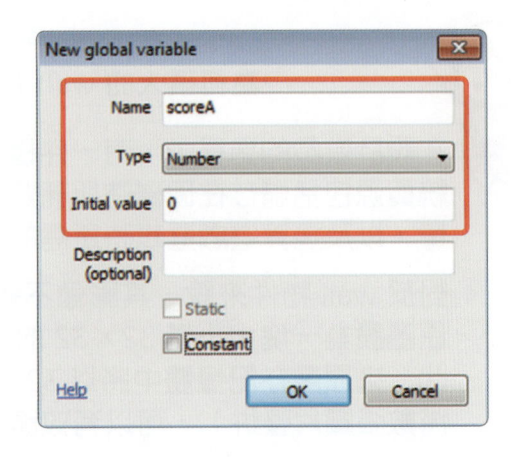

成功後在事件表頂端即可看到這個全域變數。同時請「增加」下表中的事件 #7，用於偵測小球 ball 與加分擋板 addScoreA 是否發生碰撞，若是，則將小球從遊戲中刪除，並且使用系統〈Add to〉指令將 scoreA 分數「加 1」。接著使用〈Wait〉指令等待「1 秒」，等待結束後使用〈Create object〉指令再次於畫面中央「(416,224)」處產生新的 ball 物件。

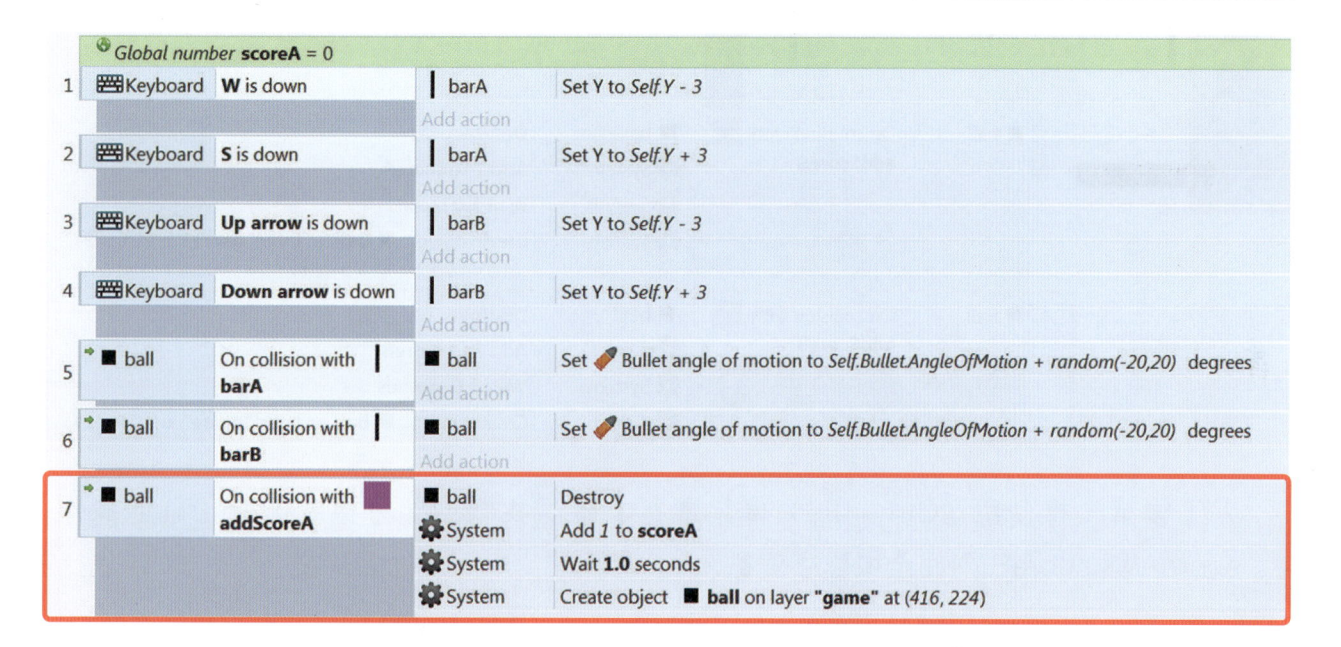

	Global number **scoreA** = 0			
1	Keyboard	**W** is down	barA	Set Y to *Self.Y* - 3
			Add action	
2	Keyboard	**S** is down	barA	Set Y to *Self.Y* + 3
			Add action	
3	Keyboard	**Up arrow** is down	barB	Set Y to *Self.Y* - 3
			Add action	
4	Keyboard	**Down arrow** is down	barB	Set Y to *Self.Y* + 3
			Add action	
5	ball	On collision with **barA**	ball	Set Bullet angle of motion to *Self.Bullet.AngleOfMotion + random(-20,20)* degrees
			Add action	
6	ball	On collision with **barB**	ball	Set Bullet angle of motion to *Self.Bullet.AngleOfMotion + random(-20,20)* degrees
			Add action	
7	ball	On collision with **addScoreA**	ball	Destroy
			System	Add *1* to **scoreA**
			System	Wait **1.0** seconds
			System	Create object ball on layer **"game"** at *(416, 224)*

請點擊視窗左上角的金龜子形狀〈Debug〉按鈕，或是按〈Ctrl + F5〉進入 Debug 偵錯運行。

進入 Debug 運行後，遊戲所有內部的參數都將以列表的方式揭露出來，我們可以透過這些資訊仔細地檢查遊戲運行的狀況。現在請故意讓 barB 漏接小球，**漏接後觀察 scoreA 值是否會增加 1 分**。重複數次，確認此加分機制正常運作。

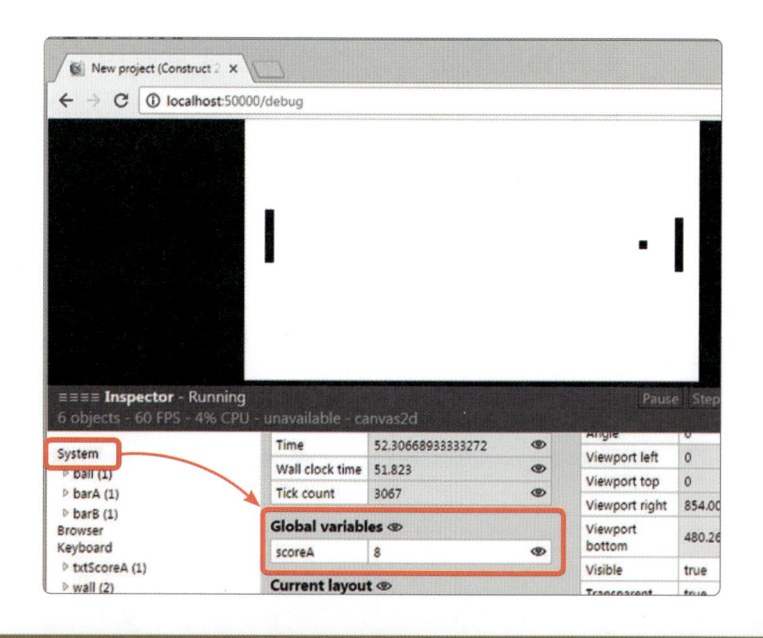

確認無誤後以同樣邏輯新增全域變數 scoreB、addScoreB 加分擋板與對應的加分邏輯。

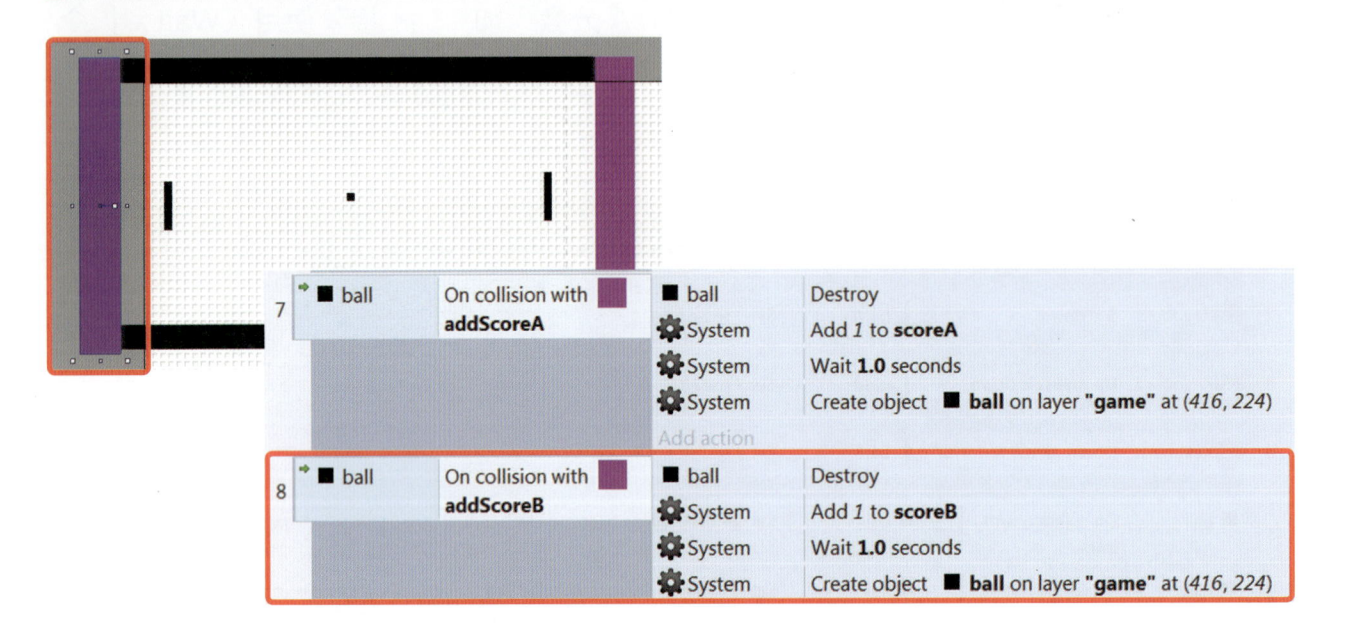

	ball	On collision with addScoreA	ball	Destroy
7			System	Add *1* to **scoreA**
			System	Wait **1.0** seconds
			System	Create object ball on layer **"game"** at *(416, 224)*
				Add action
8	ball	On collision with addScoreB	ball	Destroy
			System	Add *1* to **scoreB**
			System	Wait **1.0** seconds
			System	Create object ball on layer **"game"** at *(416, 224)*

完工後請一樣使用〈Ctrl + F5〉偵錯運行，確認我們的加分機制能夠正確地操作 scoreA 與 scoreB 兩個全域數字變數。

如何讓新生的小球隨機射向左方或右方？

在之前的隨機性角度設置上，我們使用 random() 表達式取得在一個範圍內的隨機角度。若希望明確地在 0 度或 180 度兩個角度間擇一，這該怎麼做呢？

面對這個問題，C2 也提供了非常好用的 choose() 表達式。choose 表達式可接受 2 個以上的參數，並於其中隨選出一個值出來返還給我們。我們只需要在產生新的 ball 物件後立刻以 set angle of motion 動作將射角訂為 choose(0,180)，即可讓新生的小球隨選一方發射。

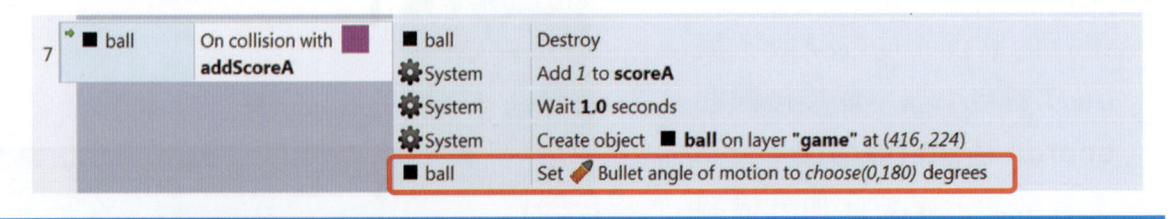

	ball	On collision with addScoreA	ball	Destroy
7			System	Add *1* to **scoreA**
			System	Wait **1.0** seconds
			System	Create object ball on layer **"game"** at *(416, 224)*
			ball	Set Bullet angle of motion to *choose(0,180)* degrees

2-10 新增計分文字

本節我們要來為這個 Pong 遊戲收尾了。目前所記錄的分數僅能透過 Debug 模式採人眼讀值，稍候我們會放個一組顯示分數專用的文字於 UI 層，讓玩家可以清楚又快速地察覺雙方目前得分。

> 為了盡量接近 Pong 原作，此處我們刻意使用復古風格的精靈字體 SpriteFont 物件，來營造出濃厚的像素遊戲風格。切換到〈UI〉層，以〈SpriteFont〉插件新增一個「txtScoreA」物件，我們用此物件來呈現玩家 A 的得分。

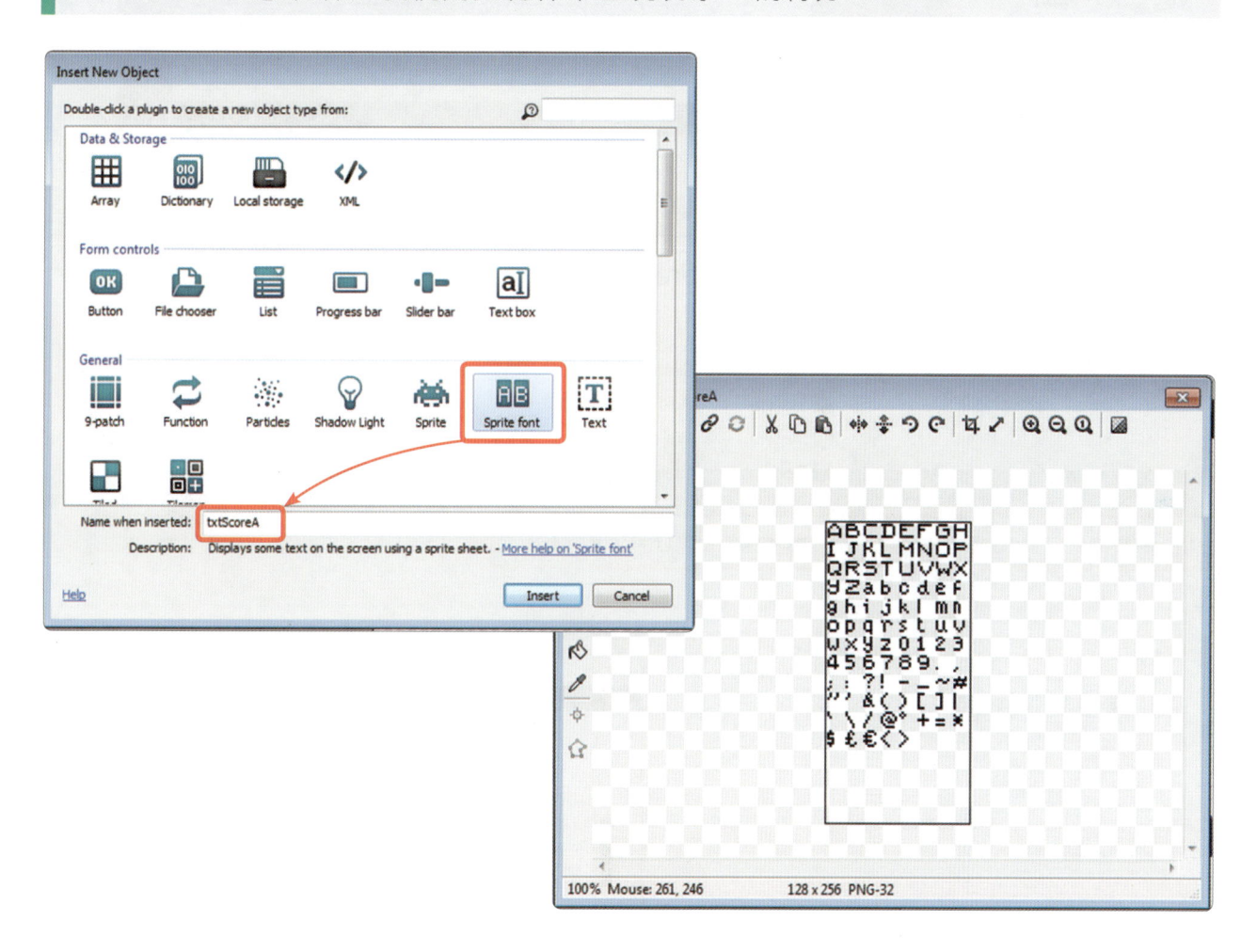

放下這個 SpriteFont 後，C2 會打開一份自帶的預設精靈字體。這份字體中記載著大小寫英文字母、阿拉伯數字以及少部分的符號。當此物件被要求顯示字串時，他會先搜尋這張圖上是否有對應的字元。若有，則將該部分的字元影像複製出來到佈局中；若無，則該字元顯示空白。

請將 txtScore 放置在適當的位置上，我們刻意先**顯示 00 這個二位數**，這樣方便我們衡量一下玩家得分超過兩位數之畫面比例。請依照下表為 txtScore 設置參數。

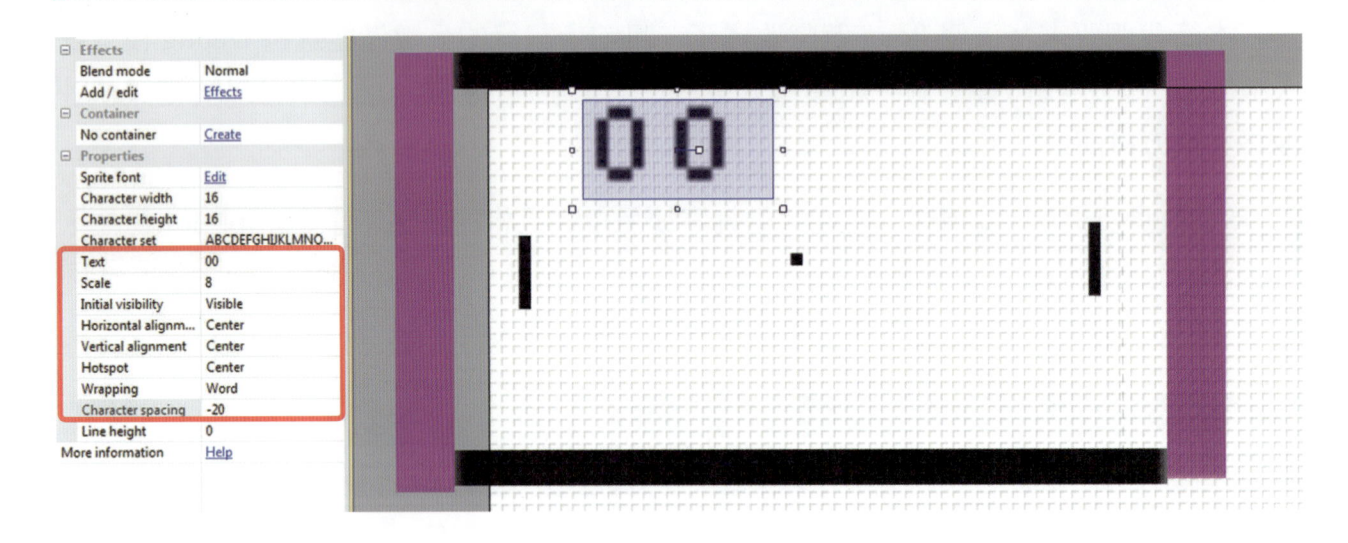

Text	00
Scale	8
Initial visibility	Visible
Horizontal alignm...	Center
Vertical alignment	Center
Hotspot	Center
Wrapping	Word
Character spacing	-20

接下來撰寫程式碼，在遊戲迴圈每圈運行之時〈Every tick〉都將「scoreA」的值寫入 txtScoreA 中，如此一來 txtScoreA 所顯示的分數必定是最新的分數。

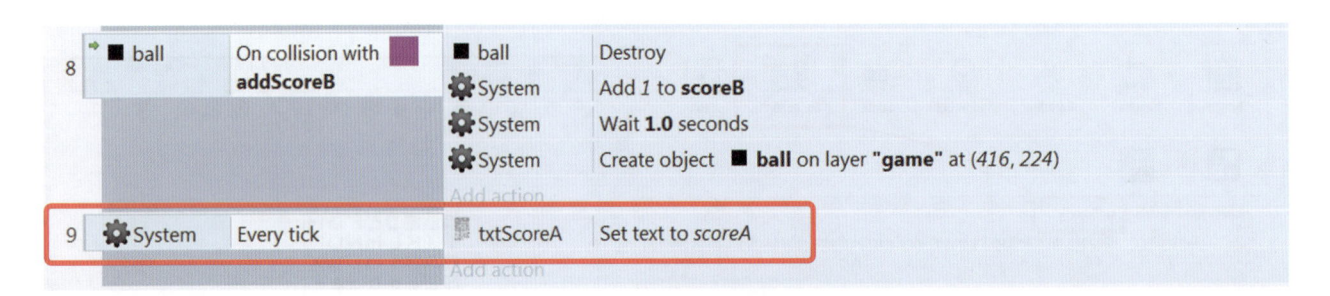

8	ball	On collision with addScoreB	ball	Destroy
			System	Add 1 to **scoreB**
			System	Wait **1.0** seconds
			System	Create object ball on layer **"game"** at (416, 224)
9	System	Every tick	txtScoreA	Set text to *scoreA*

按下〈F5〉運行，確認玩家 A 的得分能夠正確顯示。

確認無誤後，請依照同樣的步驟在〈UI〉層新增一個〈SpriteFont〉物件，取名為「txtScoreB」，參數設置比照 txtScoreA 即可。完成新增後撰寫同樣的顯示邏輯。

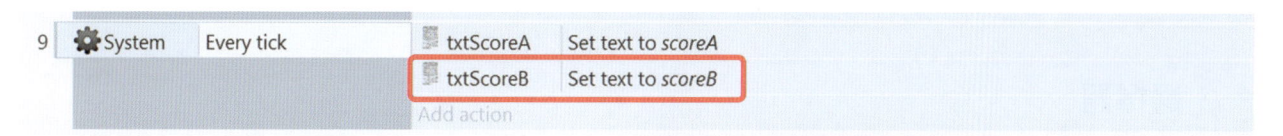

OK，現在按下〈F5〉運行，我們複刻的經典 Pong 遊戲就出爐囉～趕快與你的好朋友一起比賽個幾回合吧！

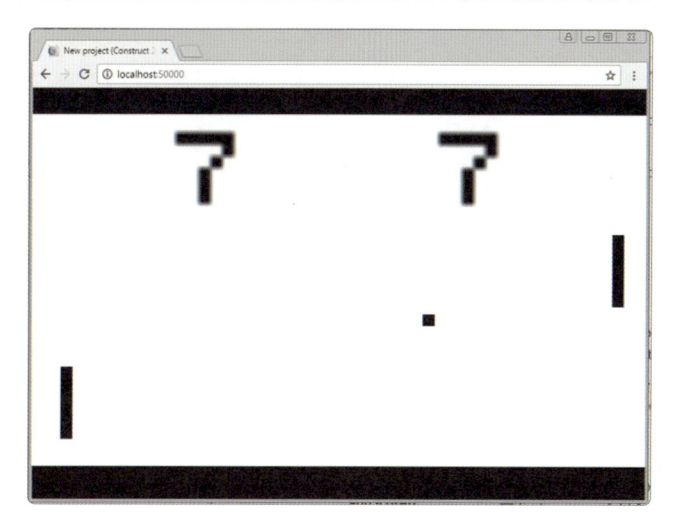

分數顯示字體模糊，怎麼辦？

此章中我們使用的 SpriteFont 尺寸巧妙利用了參數設置放大成為 8 倍，如此一來可以有效地減少系統資源需求，不過由於 C2 預設會將放大過的圖形以線性取樣補點，因此在字元邊緣上出現了模糊的現象。這個現象只要將專案參數中的圖形取樣 Sampling 方式，由線性取樣補點（Linear）改為點取樣補點（Point），即可解決這個問題。

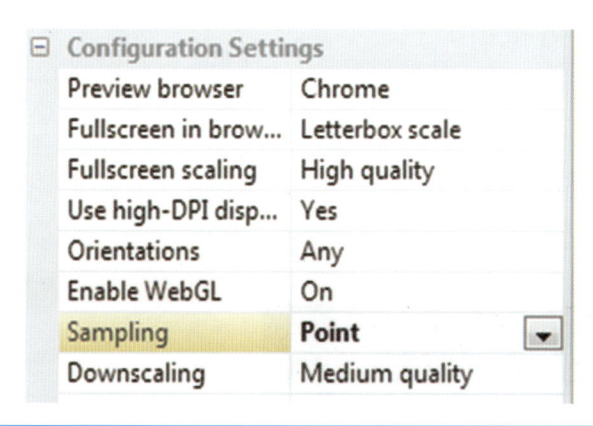

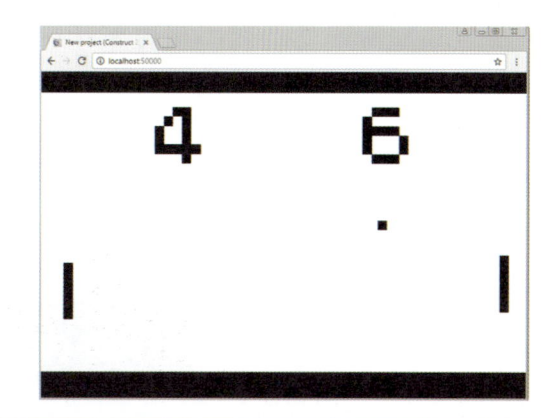

評量實作

一、選擇題

( ) 1. Pong 是人類史上第一個有顯著銷量的大型電玩產品，請問開發 Pong 遊戲的公司是：
(A) 雅達利 Atari (B) 任天堂 Nintendo (C) 微軟 Microsoft (D) 索尼 Sony。

( ) 2. 在本節課中，我們大量使用 Sprite 實作需圖形顯示的物件。請問下列何者並非 Sprite 允許的操作？
(A) 設置影格大小 (B) 繪製物件影像 (C) 縮放至所需尺寸 (D) 播放音效。

( ) 3. 我們將龐大的牆面 wall 物件影像設為 32×32，這個尺寸明顯地比其具體呈現尺寸要小。這樣的做法可以有效節省：
(A) 記憶體　　　　　　　　　　(B) 事件表中的指令數目
(C) 偵測碰撞時所耗費的 CPU 時脈　(D) 以上皆是。

( ) 4. 下列哪個指令可以移動佈局中的物件位置？
(A) Set angle of motion (B) Set Y (C) Wait for seconds (D)Destroy。

( ) 5. 一般遊戲引擎為了與顯示器同步，其遊戲迴圈運行的速度會設置在：
(A)10Hz (B) 50Hz (C) 60Hz (D) 90Hz。

二、實作題

在本節的最後，若玩家 A 刻意按住 S 鍵不放，則 barA 會移動超出畫面下緣。請說明為何會有此種現象？並提出可行解法將此 Bug 修復。

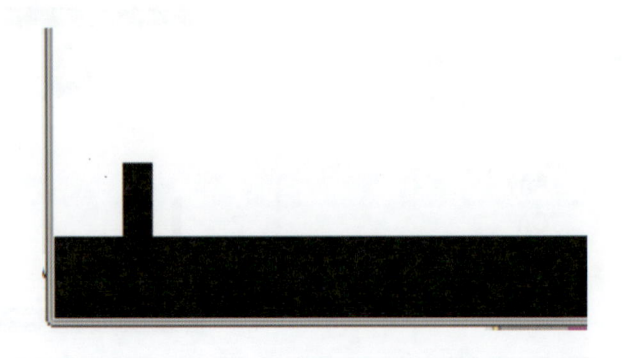

微課 3

文字冒險 AVG

一起來製作劇情豐富的冒險遊戲吧！

3-1　文字冒險 AVG 簡介

　　冒險遊戲在英文中稱為 Adventure game，簡稱 AVG，是一種劇情成份較高的遊戲，也是歷史非常久遠的遊戲類型。AVG 的出現可回溯到 1976 年，當時一位資深的程式設計師威廉‧克羅賽（William Crowther），他基於自己平時喜歡探險洞穴的嗜好製作了一款純文字形式的 AVG — 巨人洞穴大冒險（Colossal Cave Adventure）。這款遊戲出現不是為了營利，純粹只是克羅賽先生集結興趣與嗜好的藝術創作，沒想到這個創作引發了後續大規模的學習與跟隨，誕生出各式琳瑯滿目的冒險遊戲。

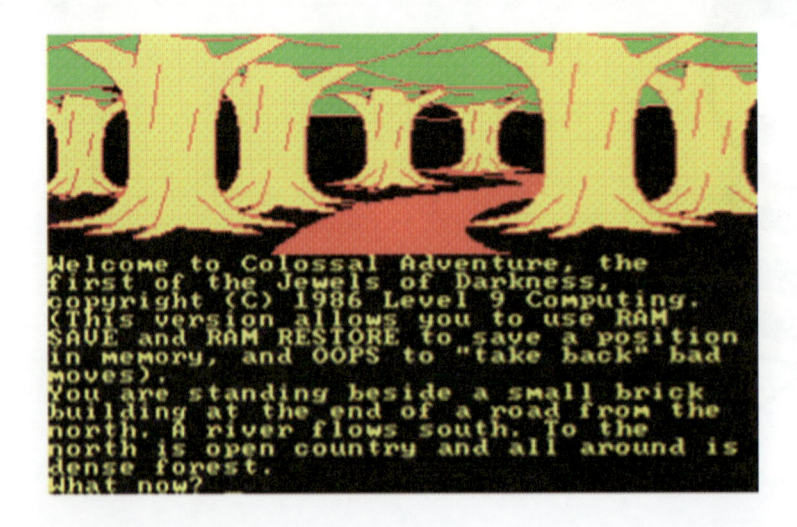

▲ 原版 Colossal Cave Adventure 以及 1986 年復刻版

個人電腦出現後，AVG 遊戲開始擁有圖像成份，其精緻度也與日俱增。例如國王密使（King's Quest, 1980）、猴島小英雄（The Curse of Monkey Island, 1997）這些經典遊戲，由於得利於較強的硬體效能，遊戲的探索機制與子系統也出現了豐富樣貌的升級。而在同一時期亞洲的日本，由於得到強盛動漫文化與環境的支持，發展出了獨樹一格的日式文字型 AVG。日式 AVG 的探索機制極為精簡，仍舊維持選單式（menu）或按鈕式（button）的探索；但相對的日式 AVG 在圖像部分則要求極高，某種程度上來說，獲取圖像已經變成給玩家的一種獎勵品。

　　時至今日，日式 AVG 在亞洲依舊擁有龐大的群眾與市場。而日式 AVG 的畫面佈局及運行模式，也廣泛地成為了遊戲關卡之間的串場（Cutscene）機制。

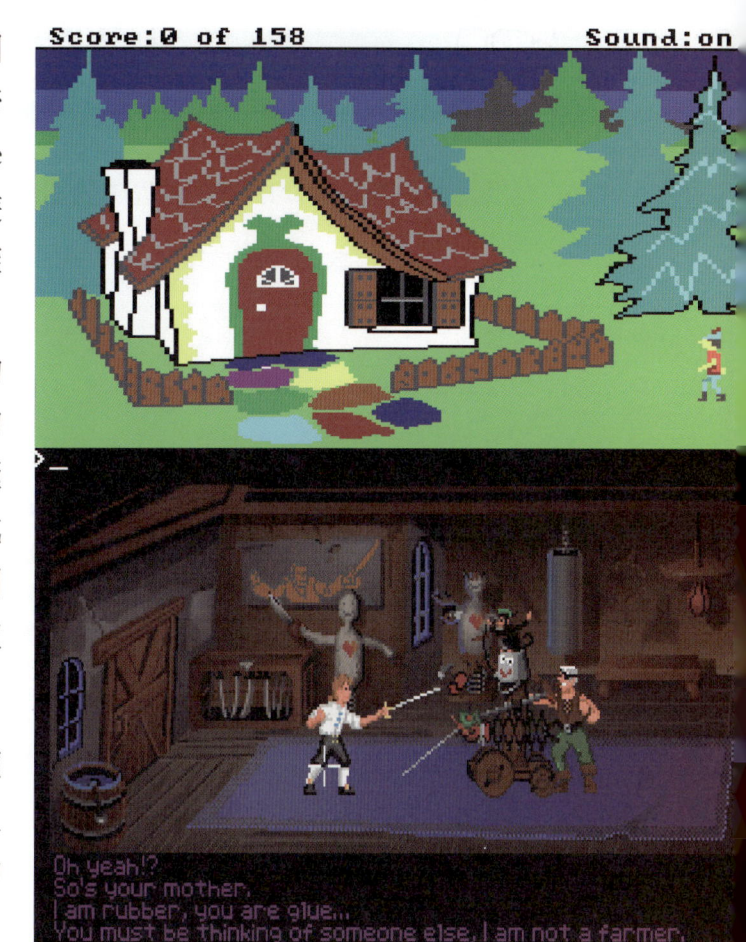

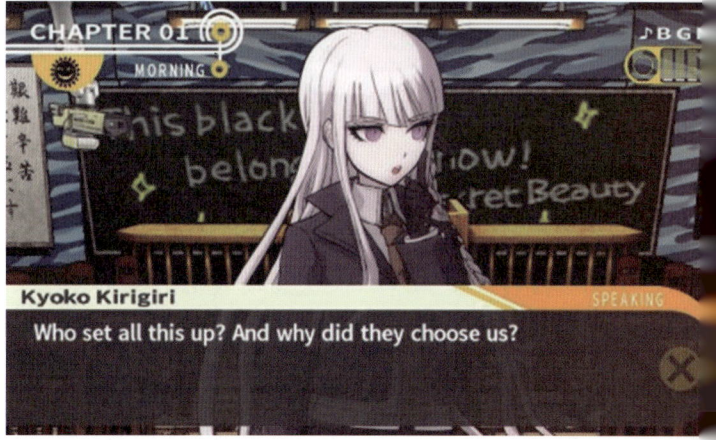

⌃ 逆轉裁判（Capcom）　　　　　　⌃ 槍彈辯駁（Spike Co., Ltd.）

3-2 設計思路

本節課我們要製作的 AVG 遊戲畫面如下所示：

背景
選項按鈕
角色 A
角色 B
對話框
對話文字

　　角色 A 與角色 B 是這個對話場景的男女主角，畫面中下方顯示兩人之間的對話台詞區域，畫面中上方是選項按鈕區。選項按鈕在一般對話橋段中不顯示，唯有在劇情分岔時選項按鈕才會顯示出來。在對話進行中，角色 A 與 B 會依照台詞而輪替出現，讓玩家明確辨認出目前台詞是由哪一個角色所陳述的。玩家每次點擊畫面，台詞就會依照劇情脈絡前進一句。當劇情分岔出現時，玩家選擇不同的選項將會得到不同的結果。

3-3 新增專案

點選左上角〈File〉→〈New〉，新增一個空白專案〈New empty project〉。將專案名稱 Name 修改為「AVG」，視窗大小 Window Size 設為「800,600」。

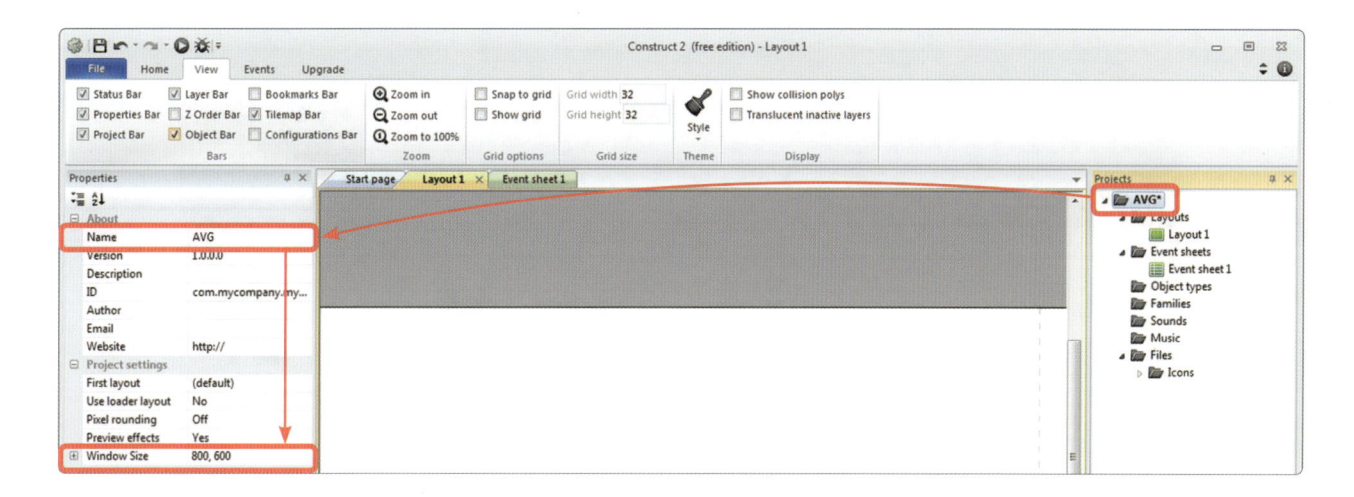

接下來為了加速設計，讓我們開啟佈局編輯區的格線。切換到〈View〉頁面，「勾選」黏附格線 snap to grid 以及顯示格線 show grid，格線寬高 grid width/height 設為「16×16」。

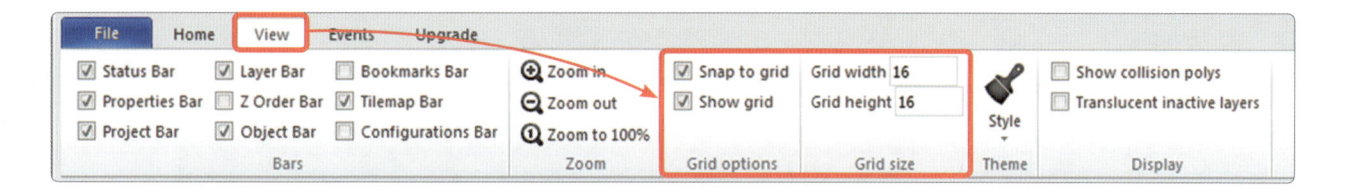

最後調整圖層數目與名稱。切換到圖層〈Layers〉列表，點擊 2 次〈＋號〉讓圖層總數達到 3 層。請使用〈鉛筆〉按鈕或〈F2〉快鍵，將圖層名稱依序由底至頂命名為：「bg、game、ui」。至此完成新增專案設置。

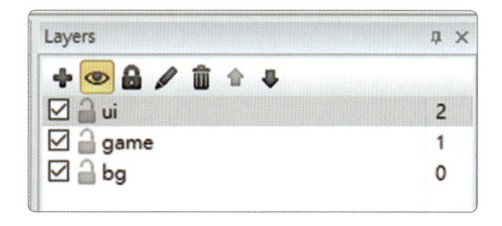

3-4 新增背景

首先我們來匯入背景。選中〈bg〉層，直接從檔案管理員將本課素材〈bg.jpg〉拖入佈局編輯器內，即可快速以 Sprite 插件生成「bg」物件。這樣的做法可以大幅提升工作效率，若素材是 gif 檔則會自動生成帶有動畫的 Sprite。

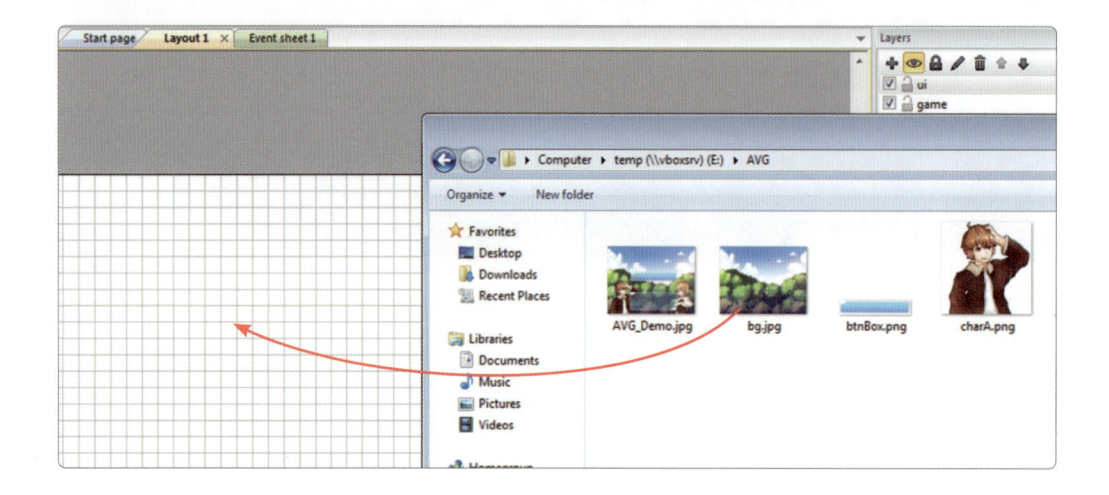

將 bg 物件移動到 Layout 1 的左上角。bg 正確的位置是畫面中心 (400,300) 的位置，但由於格線黏附 snap to grid 已開啟，因此移動時需要按住鍵盤上的〈Alt〉鍵，暫時忽略黏附效果。或可於放置結束之後選中 bg 物件，再按壓上下左右鍵來進行位置微調。

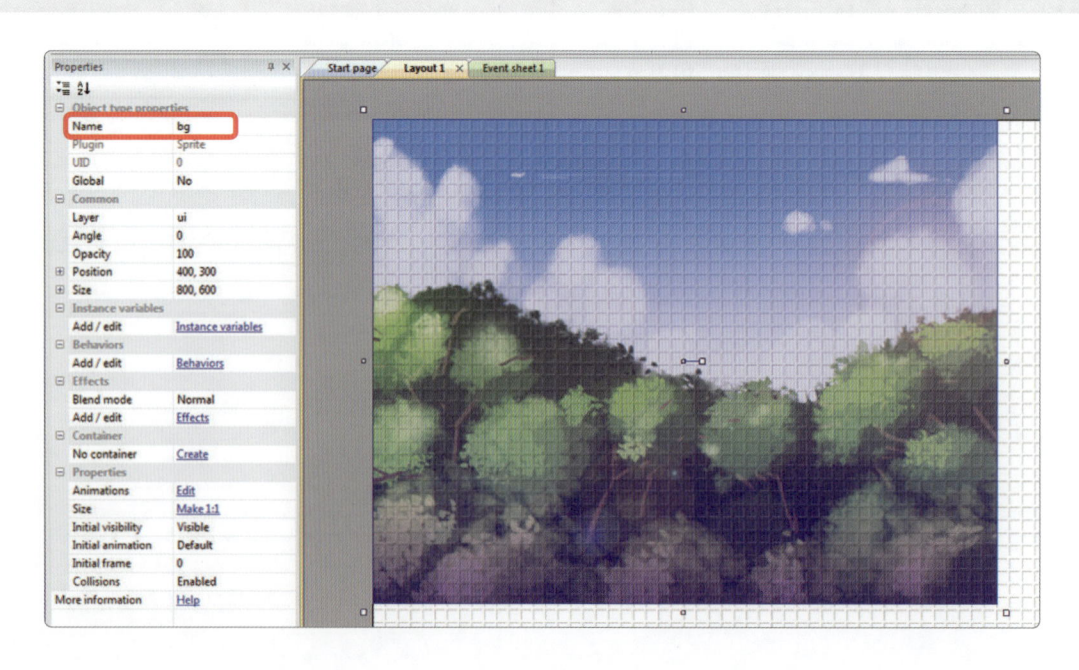

3-5　新增角色 Sprite

接下來我們新增代表男女主角的 charA 與 charB 物件。

選中〈game〉層，直接從檔案管理員將本課素材〈charA.png〉拖入佈局編輯器內，即可快速以 Sprite 插件生成「charA」物件。

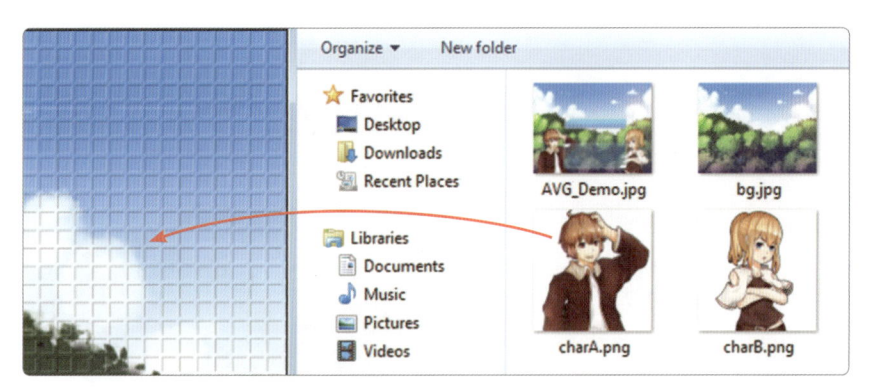

將 charA 放置於視窗範圍的左下角，可約略突出視窗邊緣一些。按下〈F5〉預覽遊戲，看看男主角的位置是否適宜。

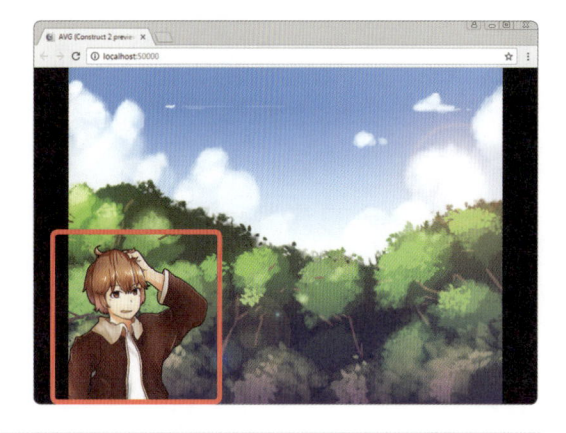

使用同樣的方式匯入女主角。選中〈game〉層，直接從檔案管理員將本課素材〈charB.png〉拖入佈局編輯器內，即可快速以 Sprite 插件生成「charB」物件。

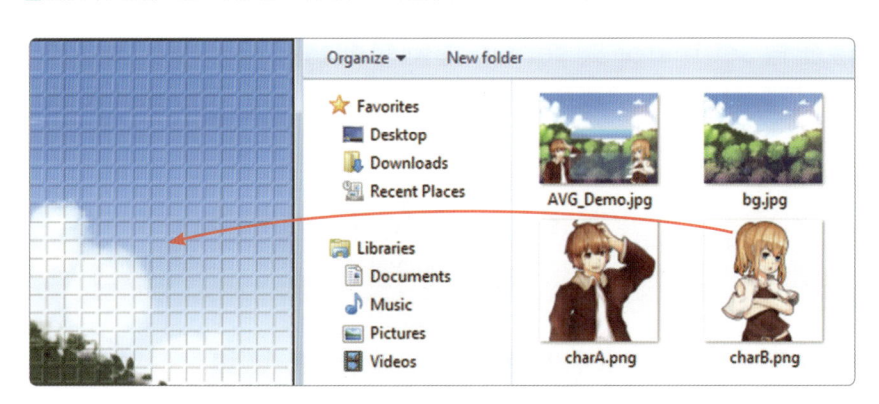

將 charB 放置於視窗範圍的右下角，可約略突出視窗邊緣一些。現在畫面看上去有點問題，依照原來的設計，這兩個角色應該要互相對看，但美術設計師在進行人物設計時，人物一律是以面向右側來進行繪製，我們是否需要請美術師將女主角的素材反向呢？

答案是：不需要，而且美術師將人物全數面向同一方向是正確的做法。唯有讓角色素材面向同一方向，我們才能使用同一份程式碼準確地控制人物面向。那麼現在該如何讓右手邊的女主角轉向呢？很簡單，只把 charB 的寬度設為負值，女主角就會回眸一笑了。

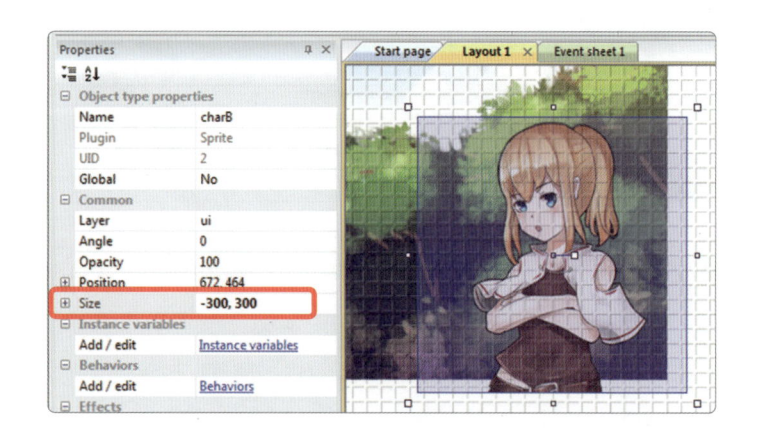

水平鏡射與垂直翻轉

在實際生活中，一個物體帶有負數的寬度或高度是一件違反常理的事情。但在遊戲程式的世界裡，負數寬度與高度通常代表將圖像水平鏡射（mirror）或是垂直翻轉（flip）。C2 事件表也存在有 set mirror 與 set flip 這兩條翻轉動作，可以讓我們翻轉 Sprite 物件。本節範例則直接在編輯器內設置寬度為負數，省去了以事件表翻轉 charB 這道手續。

3-6 新增對話框

　　對話框之類的窗框物件（window）常用於遊戲 UI（使用者介面），舉凡像對話框、道具包、功能選單、人物數值列表等等，都是遊戲中以窗框形式存在的 UI 元素。在顯現這類窗框時，我們多半會使用 9 宮格（9-patch）插件來製作，**以達到低變形與高解析度的視覺效果。**

　　以下是直接使用 Sprite 來製作窗框的錯誤示範。我們可以看到，原始的窗框素材在經過放大之後，角落上的白色圓角梯形也一併被不當放大了。整個窗框感覺明顯地變形了。

　　下圖則是改用 9 宮格插件製作的窗框。這次在角落上的圓角梯形與原素材的尺寸是一致的，由於四個角落沒有遭受變形，所以整個窗框看上去漂亮許多。

接下來讓我們使用 9 宮格製作對話框。切換到〈ui〉層，在編輯器中灰色區域左擊 2 次叫出新增物件對話框，使用〈9-patch〉插件新增一個「dialogBox」物件，讀入本課素材〈dialogBox.png〉。

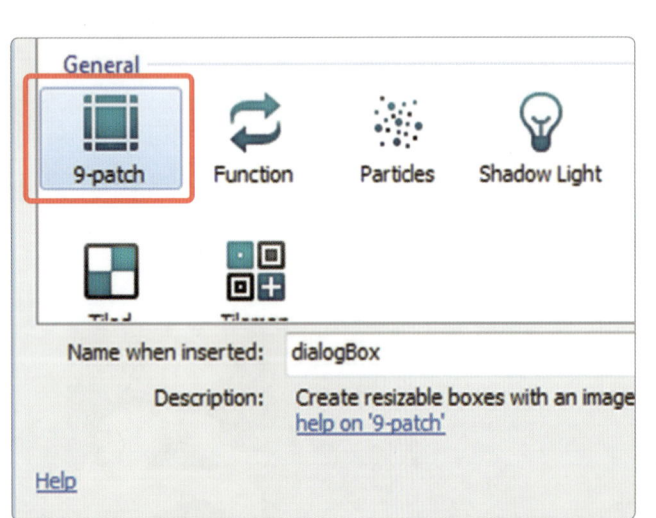

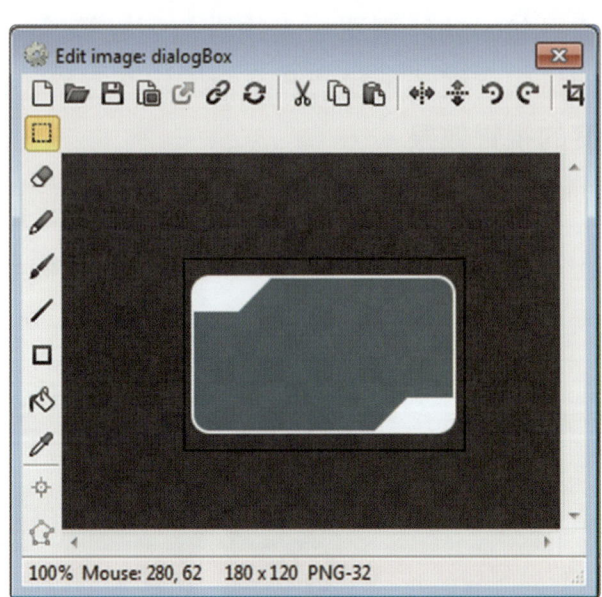

依照下表「設置 dialogBox 的參數」，完畢後將其放置在男女主角之間，大小位置約略如下圖所示。本例中的對話框刻意將內部底色設為半透明，故可以微微露出背景圖像，是一種常見的對話框美術設計方式。

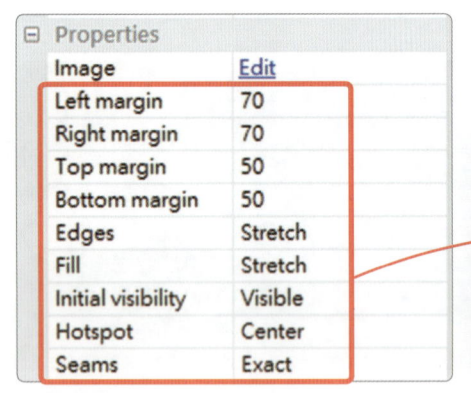

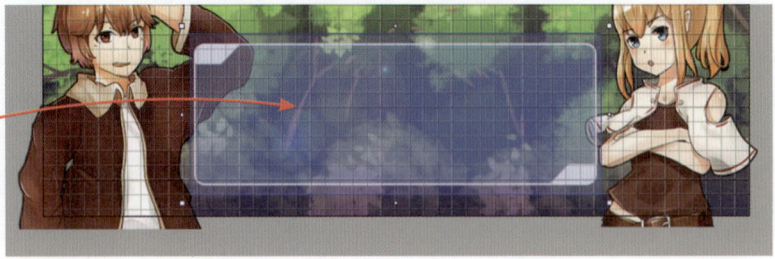

3-7 新增對話文字

接下來我們放置一塊對話文字到 dialogBox 內部。

選中〈ui〉層，以〈Text〉插件新增一個「txtTalk」物件，放置到 dialogBox 的位置上方。將 txtTalk 的參數設置如下，其中 Font 字體設置可以選擇喜歡的字型，Text 內容則隨意打些字即可。

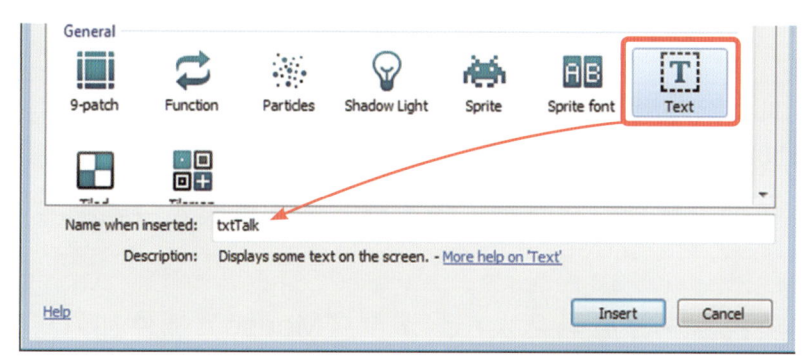

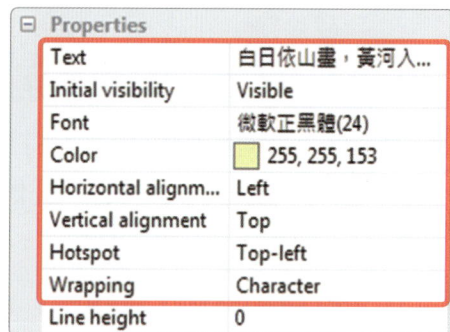

Properties	
Text	白日依山盡，黃河入…
Initial visibility	Visible
Font	微軟正黑體(24)
Color	255, 255, 153
Horizontal alignm…	Left
Vertical alignment	Top
Hotspot	Top-left
Wrapping	Character
Line height	0

編輯器內的中文字顯示不出來？

C2 在編輯器內有時會顯示不出中文字體，不過沒關係，這些字體在預覽或是輸出後都會是正常的。

設置完畢後按〈F5〉運行遊戲，反覆檢查字體的美觀度是否達到要求。

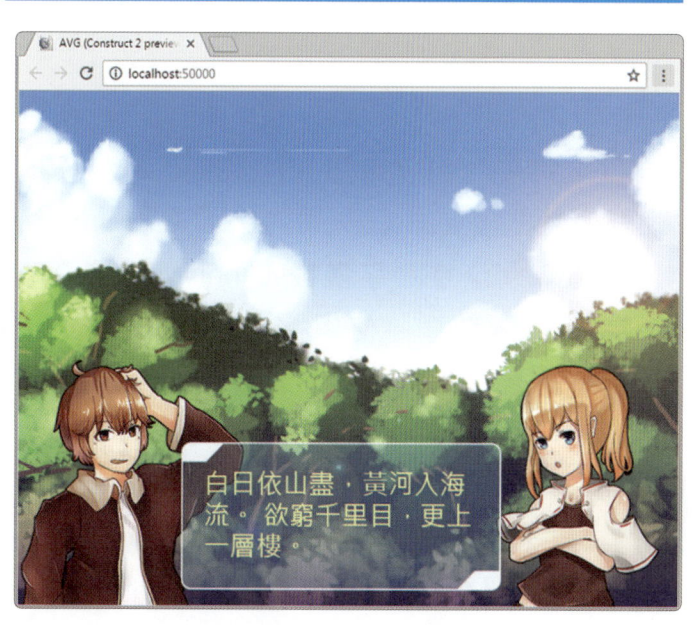

整個 AVG 的佈局大致已完工，接下來我們開始撰寫一些程式碼，讓整個遊戲動起來。

3-8 新增滑鼠功能

常見的 AVG 劇情推進方式，是當**玩家使用滑鼠點擊畫面時將對話推進**，複雜一點的 AVG 會做打字機效果，再複雜一點的甚至會錄製真人語音。在本節課中，我們示範最基礎的點擊推進對話機制。歡迎有興趣的同學於課後研製打字機效果，或是親自錄製真人語音。

為了做出推進效果，我們的思路如下：

1. 使用一個全域數字變數記錄目前的對話號碼。
2. 當玩家點擊滑鼠的瞬間，將對話號碼加上 1。
3. 引擎每步運行時（Every tick），都去檢查對話號碼，將對應的台詞更換入台詞區。

為了使用滑鼠功能，請在佈局灰色處左擊滑鼠 2 次，將滑鼠〈Mouse〉插件加入專案中。

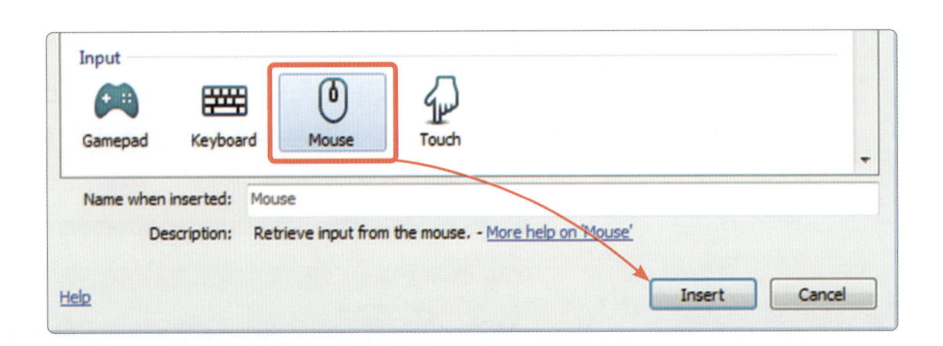

切換到〈Event sheet 1〉，按下〈V〉鍵或是點擊功能欄上的〈Events〉→〈Add variable〉新增一個全域數字變數「lineNum」，初始值為「0」。我們將使用這個變數來做為目前對話號碼。

lineNum 是 Line number 這個詞彙的的駝峰式（camel case）命名。有關駝峰式命名的資訊請看：https://en.wikipedia.org/wiki/Camel_case

新增右方事件。

| 1 | Mouse On **Left** button **Clicked** | System Add *1* to **lineNum** |

事件 #1 偵測滑鼠左鍵是否被按下。若是，則在按下瞬間將 lineNum 值增加「1」。請按〈Ctrl + F5〉偵錯運行，親自以滑鼠左鍵點擊螢幕，觀察 lineNum 值是否會增加。

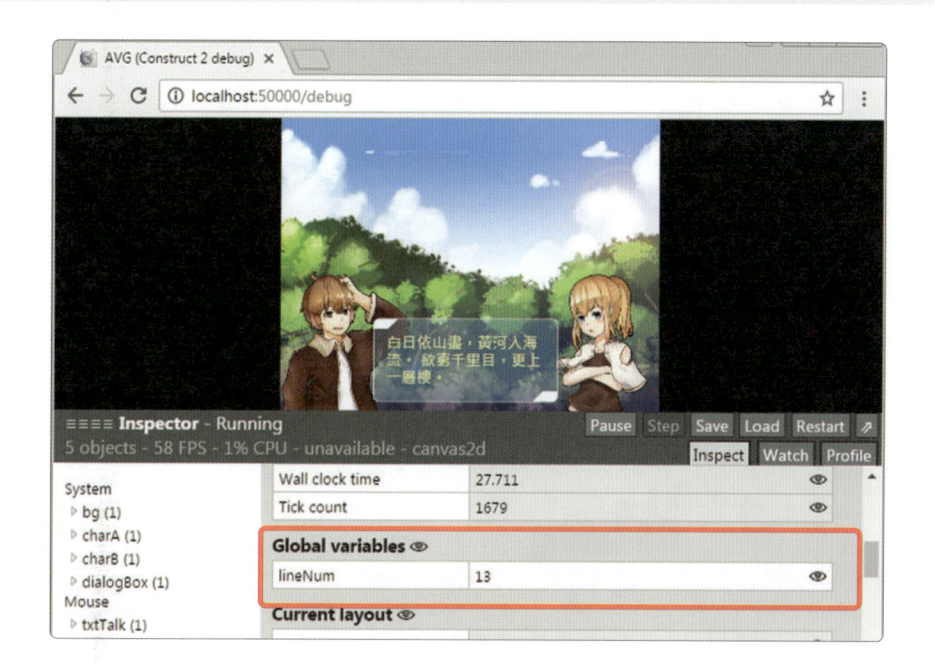

確認滑鼠點擊可造成 lineNum 值增加之後，我們將前 5 個 lineNum 值對應上台詞。

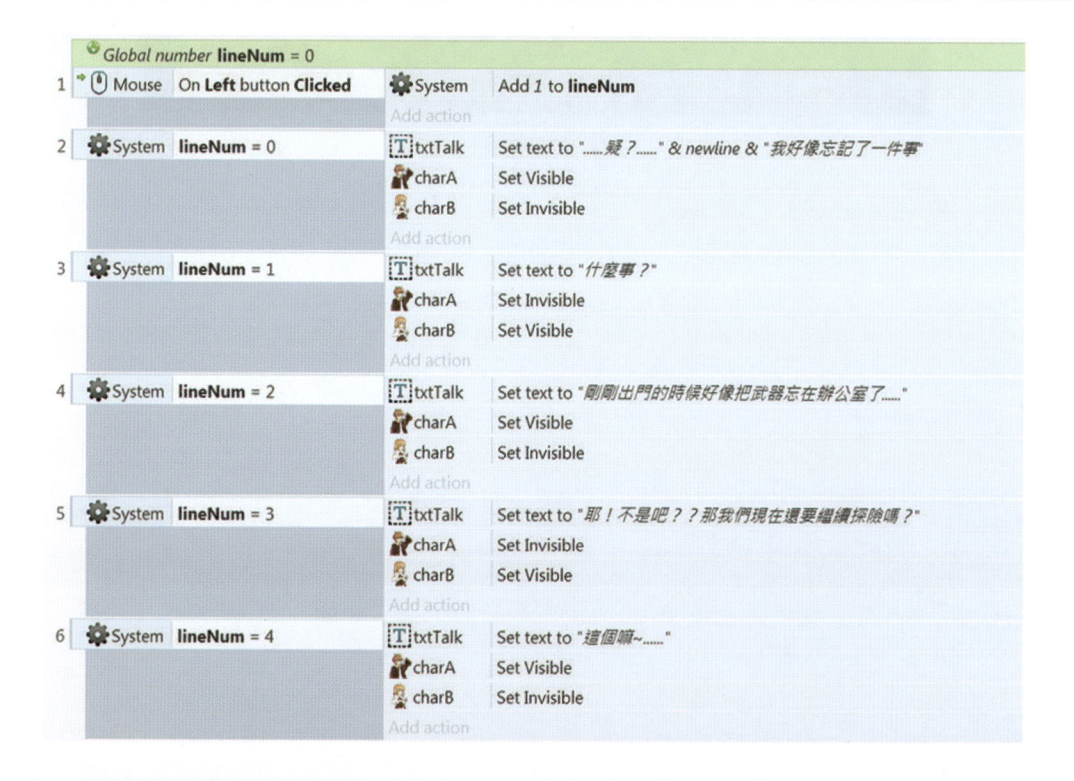

```
Global number lineNum = 0

1  Mouse  On Left button Clicked     System   Add 1 to lineNum

2  System  lineNum = 0               txtTalk  Set text to "……咦？……" & newline & "我好像忘記了一件事"
                                     charA    Set Visible
                                     charB    Set Invisible

3  System  lineNum = 1               txtTalk  Set text to "什麼事？"
                                     charA    Set Invisible
                                     charB    Set Visible

4  System  lineNum = 2               txtTalk  Set text to "剛剛出門的時候好像把武器忘在辦公室了……"
                                     charA    Set Visible
                                     charB    Set Invisible

5  System  lineNum = 3               txtTalk  Set text to "耶！不是吧？？那我們現在還要繼續探險嗎？"
                                     charA    Set Invisible
                                     charB    Set Visible

6  System  lineNum = 4               txtTalk  Set text to "這個嘛~……"
                                     charA    Set Visible
                                     charB    Set Invisible
```

> 事件 #2 ～ #6 的結構基本上是一模一樣的，此處我們就事件 #2 來做說明。事件 #2 比對目前對話號碼是否等於 0，若等於 0 則執行其右側動作。首先將 txtTalk 的文字內容使用〈Set text〉動作將本句台詞寫入，再使用 Sprite 的〈Set visible〉動作讓 charA 及 charB 進行顯示切換。後面 4 句台詞是依照同樣的結構去撰寫的。

完成後按〈F5〉預覽，點擊滑鼠左鍵確認台詞可以正常推進。也請讀者特別注意到，一進遊戲後原本對話文字中的唐詩即被事件 #2 所覆寫過去了。

3-9 新增按鈕功能

　　前節中，在第 4 句台詞出現時我們想讓玩家有個二選一的選擇，為了讓玩家能夠使用點擊的方式來進行選擇，我們此處需要擺設兩個按鈕。接下來我們新增一個按鈕物件。

切換到〈ui〉層，以〈9-patch〉插件新增一個 btn 物件，將本課素材〈btnBox.png〉讀入。將 btn 放置於畫面上方，並設置參數如下。

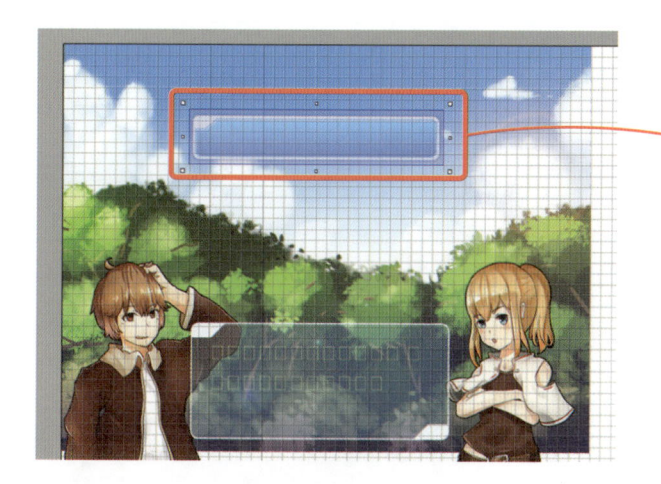

Properties	
Image	Edit
Left margin	64
Right margin	64
Top margin	20
Bottom margin	20
Edges	Stretch
Fill	Stretch
Initial visibility	Visible
Hotspot	Top-left
Seams	Exact

接著我們新增一個文字物件於按鈕上方。以〈Text〉插件新增一個「txtBtn」物件。將 txtBtn 放置於 btn 上方，大小稍微內縮一格。設置參數如下。

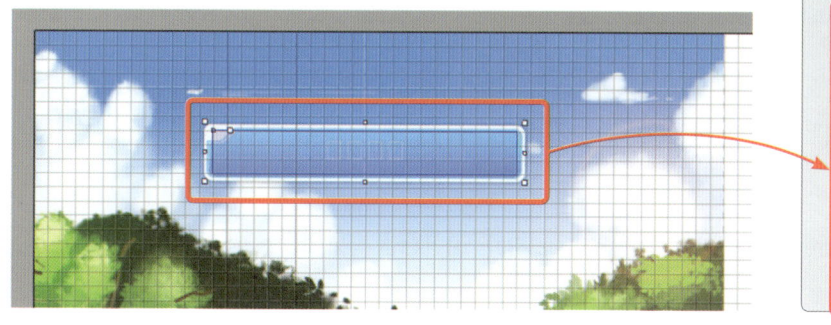

Properties	
Text	測試文字
Initial visibility	Visible
Font	微軟正黑體 Light(24)
Color	255, 255, 204
Horizontal align...	Center
Vertical alignme...	Center
Hotspot	Top-left
Wrapping	Character
Line height	0

> 運行一下看看效果如何。

確認效果 OK 後，將整組按鈕選取，按〈Ctrl + C〉複製，並於畫面中央處按〈Ctrl + V〉貼上。

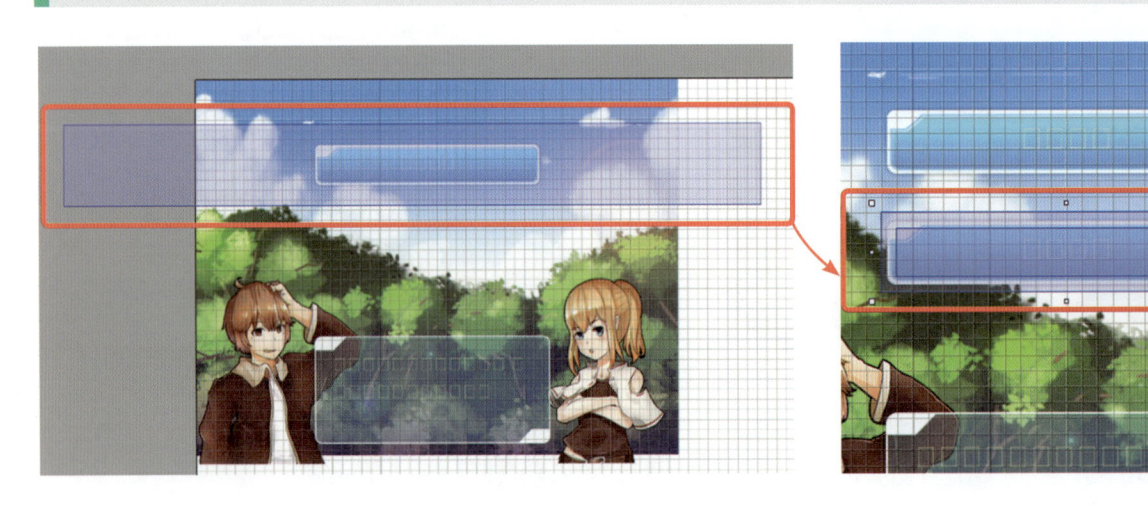

如何防止誤選取？

在上述選取按鈕的過程中，很容易誤點 bg 物件而導致操作錯誤。解決的方式有以下三種：

1. 從 bg 物件外部的一點開始，拉出扁平的長方形選取框，如此一來就可避開誤點 bg。

2. 由於 bg 物件放置於 bg 層，可於右上角圖層列表中將整個 bg 層上鎖，避免誤點。

3. 放棄一次完工的念頭，將物件逐一複製。選取時可按住〈Tab〉垂直輪選物件。

3-10 以實件變數 id 區分實件

　　接下來是本節課最複雜的部分，要請讀者吸口氣，稍微集中精神。為了讓程式能夠區分這兩組按鈕，我們必須幫按鈕元件加上實件變數（instance variable）。

> 點擊專案樹狀圖中的〈btn〉物件，看到左邊參數欄。點擊實件變數〈Instance variables〉連結開啟實件變數列表。

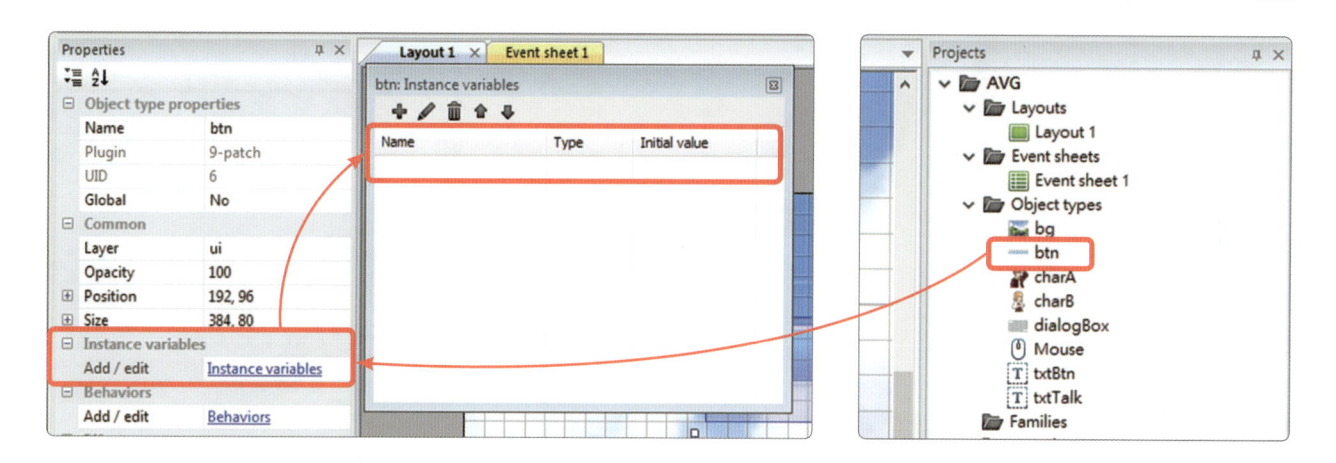

　　在列表中點擊「+號」新增一個數字實件變數 Name 設為「id」，Type 設為數字類型〈Number〉，初始值 Initial value 設為「0」。完成後點擊〈OK〉即可在列表中看到 id 這個實件變數。

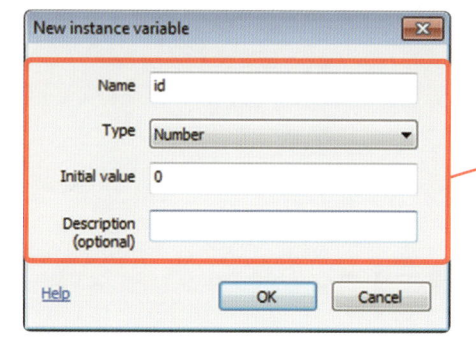

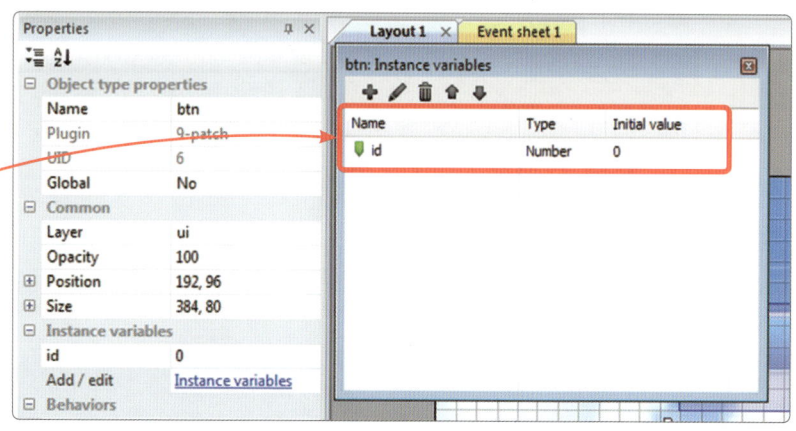

回到佈局中,點選上方 btn 將其 id 實件變數設為「0」;點選中央 btn 將其 id 變數設為「1」。

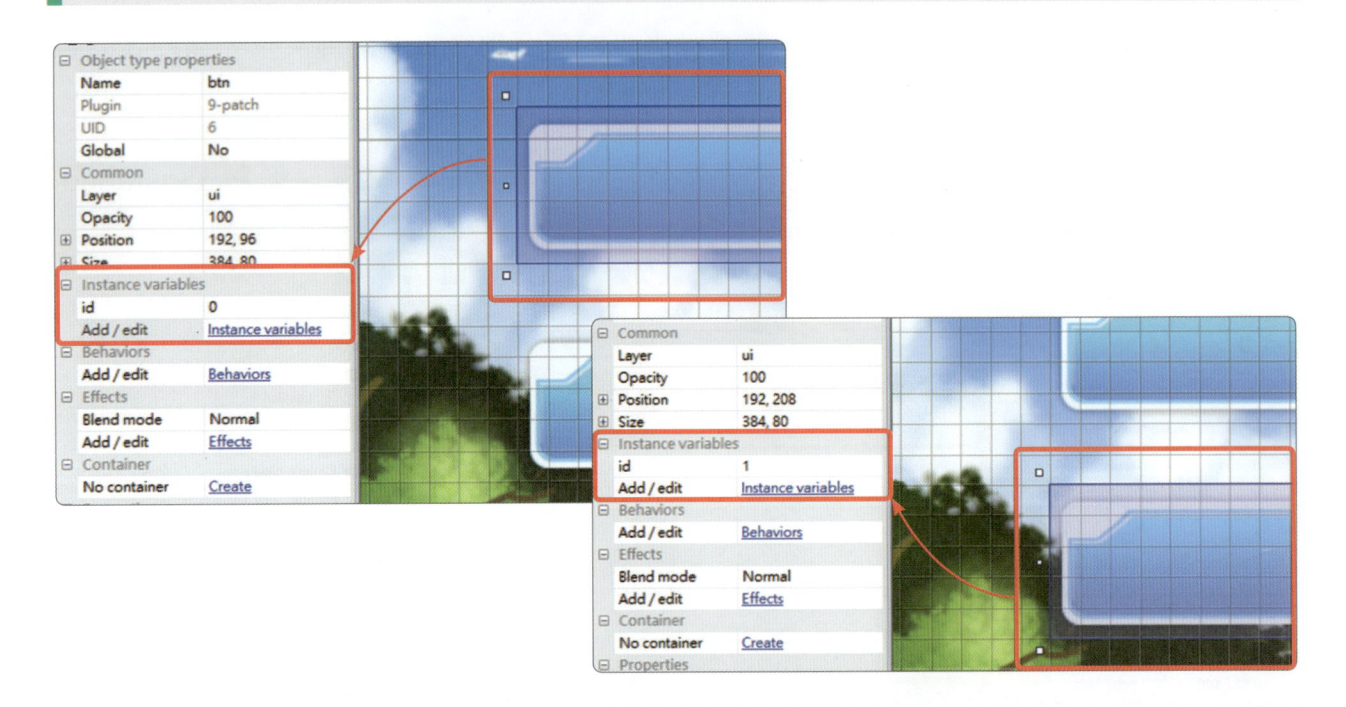

現在我們可以憑著 id 值去區分兩顆按鈕了。切換到〈Event sheet 1〉使用以下程式碼做個小測試,在事件 #2 之下加掛一則子事件。

⚠ 請注意!子事件之前端應會顯示層屬關係的 L 型連接。

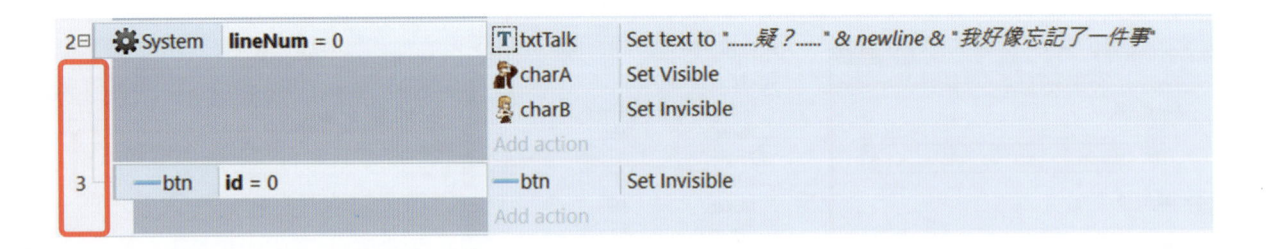

按〈F5〉運行,將會發現 id 值為 0 的那顆 btn 物件不顯示了。

我們回頭解釋一下這顆 btn 消失的原因：當事件 #2 成立時，其右側動作將先得以執行，執行完畢後才會輪到其子事件 #3 執行；相反的，當事件 #2 不成立，則事件 #3 作為一個附屬的子事件，將不得執行。

再來，事件 #3 使用了 Compare instance variable 條件式去比對實件變數，這個事件**有撈選實件**的效果：當執行完此事件，其右側動作操作的對象將只限於符合條件式的實件。在此例中，事件 #3 會撈選出畫面中 id 值為 0 的所有 btn 實件，撈選出後再去進行右側 Set Visible 動作。因此 id 值為 1 的 btn 實件不受到事件 #3 的任何影響。

> 瞭解了這個撈選效果之後，讓我們幫 txtBtn 物件也增加上實件變數 id 值，如此一來我們就可以撈選出整組按鈕去進行操作。請將上方的 txtBtn 其 id 值設為「0」，中央的 txtBtn 其 id 值設為「1」。

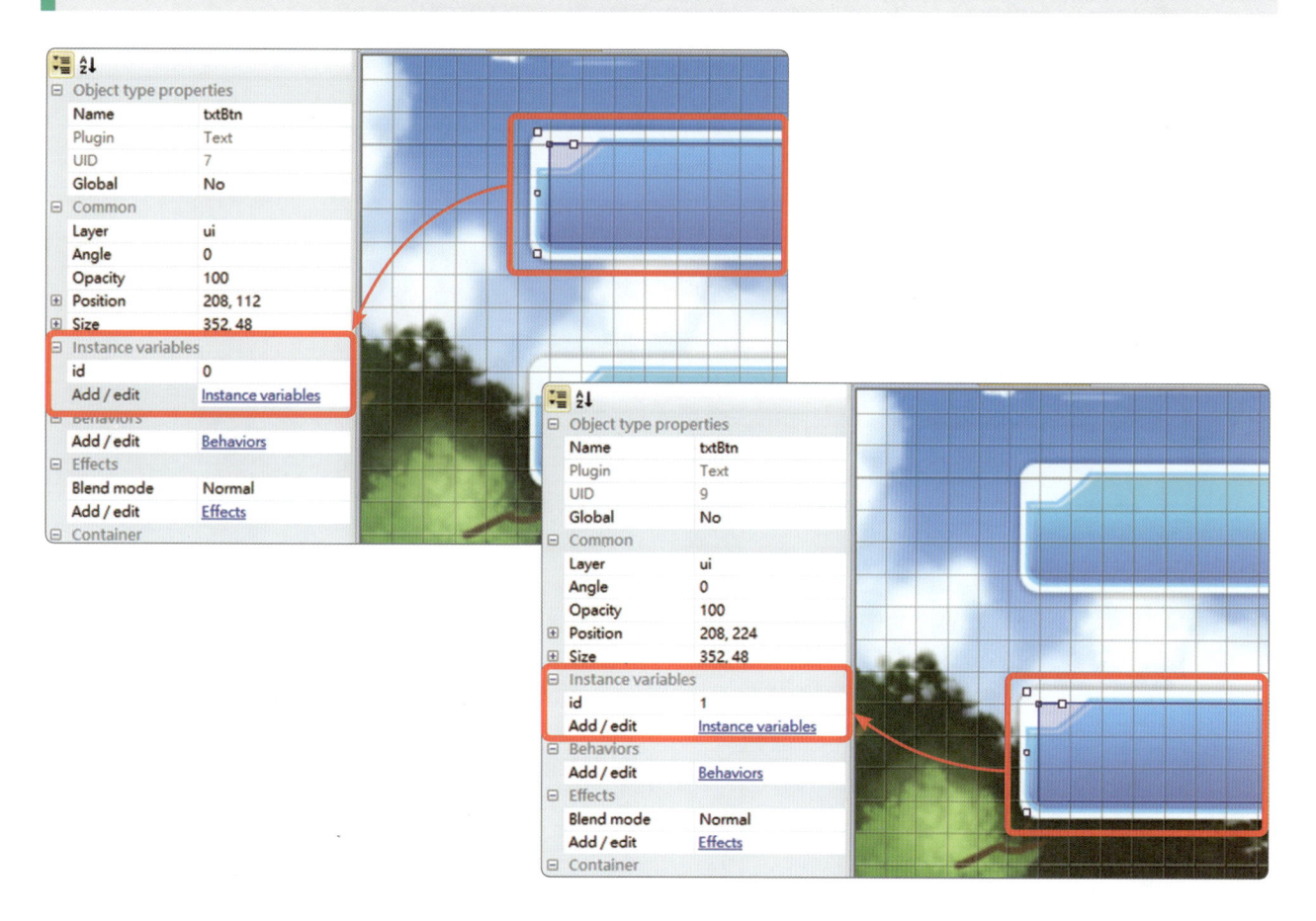

一切就緒之後，我們來修改事件表。在遊戲的一開始將 2 顆按鈕取消顯示，並於事件 #6 內將他們顯示出來，配上對應的選項內容文字。

	Global number **lineNum** = 0			
1	Mouse	On **Left** button **Clicked**	System	Add 1 to **lineNum**
			Add action	
2	System	**lineNum** = 0	txtTalk	Set text to "......疑？......" & newline & "我好像忘記了一件事"
			charA	Set Visible
			charB	Set Invisible
			btn	Set Invisible
			txtBtn	Set Invisible
			Add action	
3	System	**lineNum** = 1	txtTalk	Set text to "什麼事？"
			charA	Set Invisible
			charB	Set Visible
			Add action	
4	System	**lineNum** = 2	txtTalk	Set text to "剛剛出門的時候好像把武器忘在辦公室了......"
			charA	Set Visible
			charB	Set Invisible
			Add action	
5	System	**lineNum** = 3	txtTalk	Set text to "耶！不是吧？？那我們現在還要繼續探險嗎？"
			charA	Set Invisible
			charB	Set Visible
			Add action	
6日	System	**lineNum** = 4	txtTalk	Set text to "這個嘛~......"
			charA	Set Visible
			charB	Set Invisible
			btn	Set Visible
			txtBtn	Set Visible
			Add action	
7	txtBtn	**id** = 0	txtBtn	Set text to "太危險了，回去基地吧"
			Add action	
8	txtBtn	**id** = 1	txtBtn	Set text to "怕什麼？我會空手道"
			Add action	

完成以後按〈F5〉運行，確認按鈕可正確地顯示與消失。

3-11 劇情分岔機制

在本課的最後，我們要撰寫事件表讓玩家可在劇情分岔點作出選擇。在前節中我們已經順利地在男主角說出第 4 句話之時，也就是事件 #6 之內顯示按鈕，我們必須在此事件內偵測玩家是否按下了任何按鈕。若是，則將對話號碼 lineNum 跳轉到對應的階段。

為了讓腳本設計師後續能夠增加新的對話，此處我們讓第一段對話就截止在對話號碼 4。若玩家點擊上方按鈕，就將對話號碼跳轉到 100；若玩家點擊中央按鈕，則將對話號碼跳轉到 200。這樣做的好處是：未來腳本設計師若增補了第一段的劇情對話，就可以利用 4 ～ 100 之間的號碼作為擴增。

思路通順之後，我們來修改對應的事件表，如下所示。

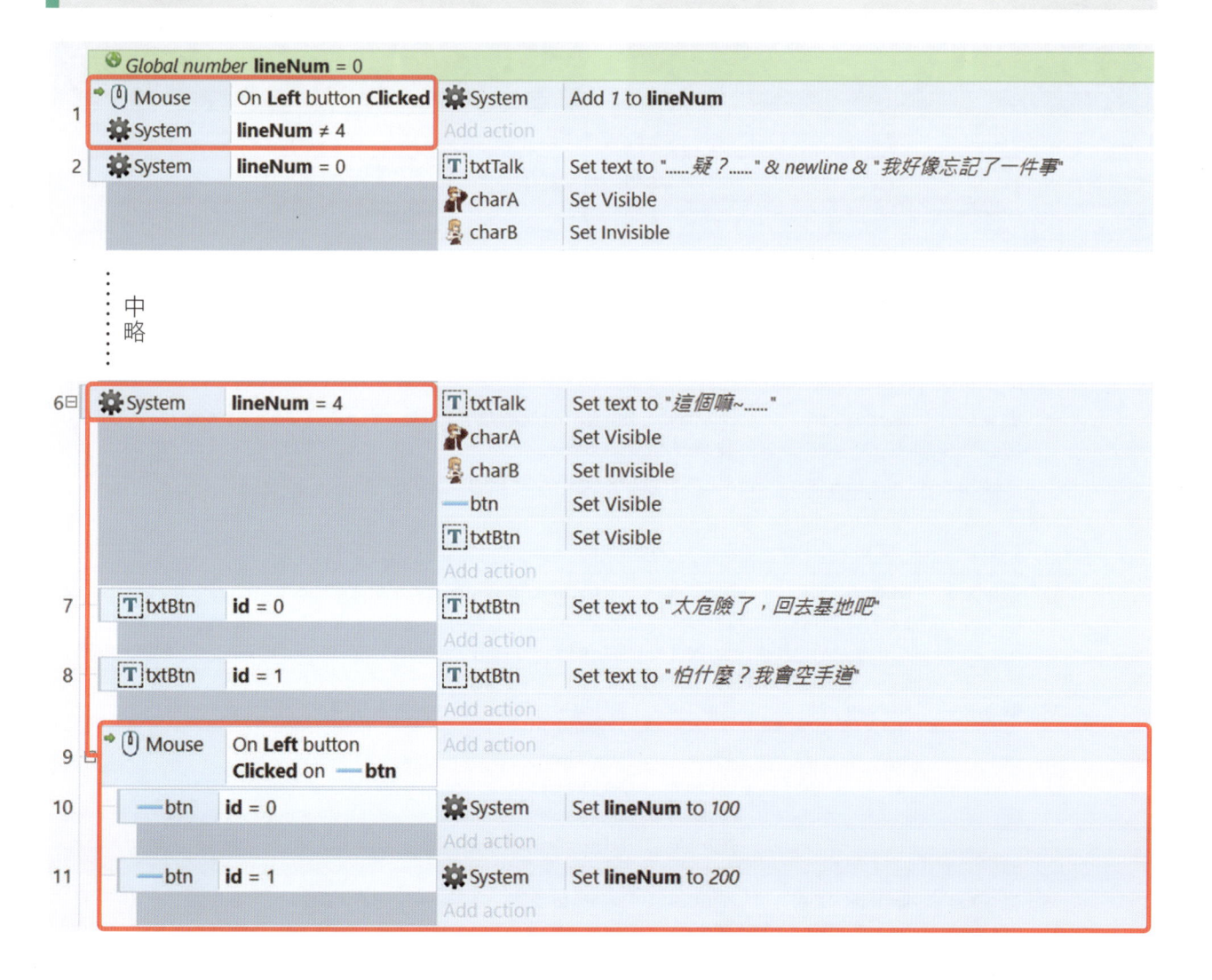

	🌐 Global number **lineNum** = 0			
1	Mouse	On **Left** button **Clicked**	System	Add *1* to **lineNum**
	System	**lineNum** ≠ *4*	Add action	
2	System	**lineNum** = *0*	txtTalk	Set text to "......疑？......" & newline & "我好像忘記了一件事"
			charA	Set Visible
			charB	Set Invisible

⋮ 中略

6	System	**lineNum** = *4*	txtTalk	Set text to "這個嘛~......"
			charA	Set Visible
			charB	Set Invisible
			btn	Set Visible
			txtBtn	Set Visible
			Add action	
7	txtBtn	**id** = *0*	txtBtn	Set text to "太危險了，回去基地吧"
			Add action	
8	txtBtn	**id** = *1*	txtBtn	Set text to "怕什麼？我會空手道"
			Add action	
9	Mouse	On **Left** button **Clicked** on btn	Add action	
10	btn	**id** = *0*	System	Set **lineNum** to *100*
			Add action	
11	btn	**id** = *1*	System	Set **lineNum** to *200*
			Add action	

在事件 #1 上串接一則條件式，排除掉 lineNum 等於 4 的狀況。也就是唯有當 lineNum 不等於 4 之時，才去進行累加 1。這麼做的原因是為了防止引擎將玩家點擊按鈕視為推進對話的輸入。

其次，在事件 #9 上我們去偵測玩家是否點擊了任何 btn 物件。若是，則判斷剛剛點的按鈕其 id 值是 0 還是 1，並依照判斷結果跳轉對話號碼 lineNum。

完成後按下〈Ctrl + F5〉偵錯運行，試著按下按鈕並觀察 lineNum 值的變化。

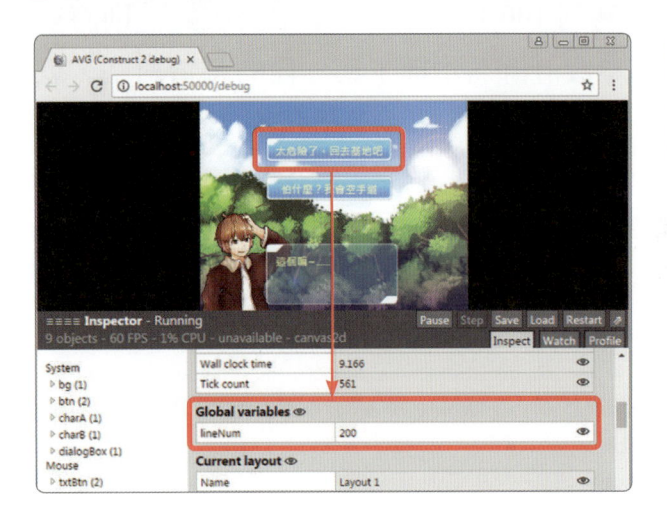

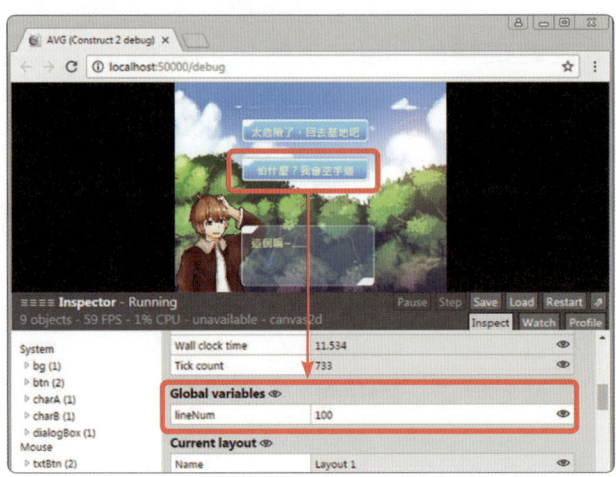

確認 lineNum 值會順利跳轉後，請回到〈Event sheet 1〉增補對話號碼 100 與 200 之後的劇情。

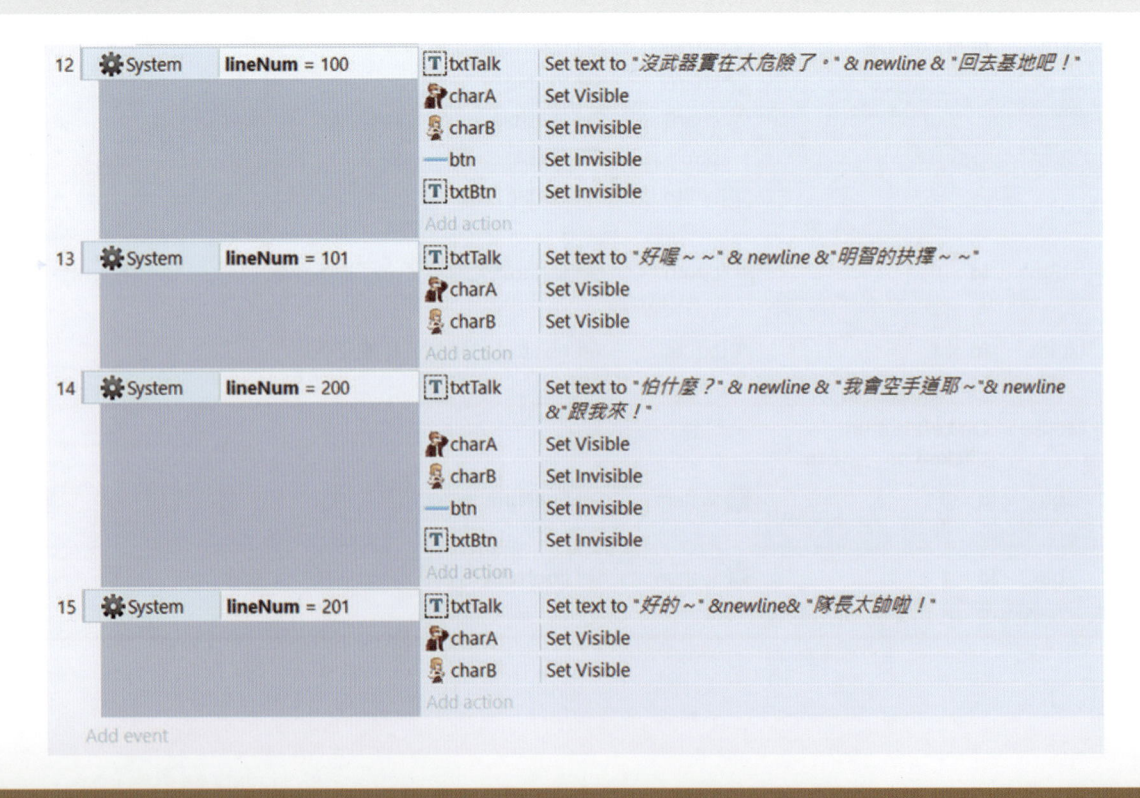

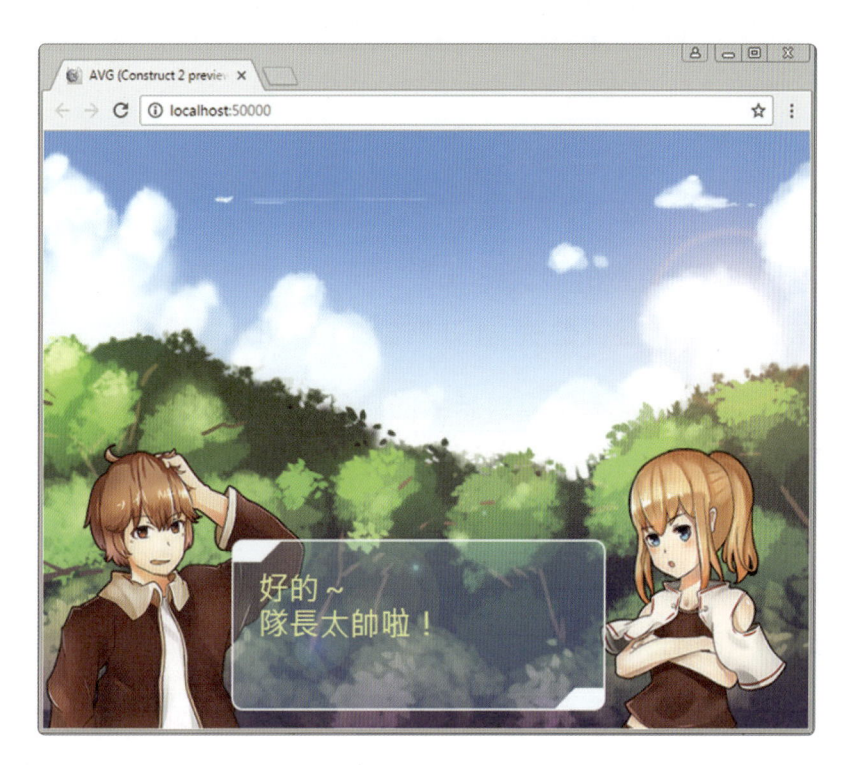

按〈F5〉預覽，我們的 AVG 大作就正式宣告完工囉！

老鳥與菜鳥工程師的差異──對於規格變動的忍受力

在實際執行遊戲專案開發時，工程的長度可能會在一季或數年之間，越是漫長的工程就越容易遭受到規格變動，這是無可避免之事。對於軟體工程來說，老經驗的老鳥工程師會使用設計模式（design pattern）來因應可能會發生的規格變動。這些設計模式有點像是武林絕學，掌握熟練之後一人的工作效率可抵三人，並且可以輕鬆地面對規格變動。

在物件導向程式的領域中，最有名的設計模式著作是暱稱為四人幫（Gang of four，簡稱 GoF）的四位作者所著之書：《Design Patterns - Elements of Reusable Object-Oriented Software》。這本書收錄了 23 種設計模式，是軟體工程界公認的經典著作。

本節＜為對話號碼設置間隔＞的做法只是靠經驗得來的小心得，還稱不上是設計模式。未來在進階的遊戲課程中，讀者應該會學到像是 FSM 模式與工廠模式這樣的大絕招。

評量實作

一、選擇題

(　　) 1. AVG 是下列哪類遊戲的英文縮寫？
　　　(A) 動作遊戲　(B) 益智遊戲　(C) 對話遊戲　(D) 冒險遊戲。

(　　) 2. 在實作對話框時，若不希望對話框四個角落的影像產生變形，則應該選用哪個插件來實現？
　　　(A) System　(B) Sprite　(C) 9-patch　(D) Text。

(　　) 3. 若想要將人物 Sprite 垂直翻轉（flip），可將下列哪個參數做正負號反轉？
　　　(A) Width　(B) Height　(C) Opacity　(D) Angle。

(　　) 4. 若希望在遊戲中使用滑鼠的功能，必須在專案內添增什麼插件？
　　　(A) 9-patch　(B) Touch　(C) Mouth　(D) Mouse。

(　　) 5. 下列哪個條件式具有撈選實件（pick instance）的效果？
　　　(A) Sprite → Compare instance variable
　　　(B) System → Every tick
　　　(C) System → Compare variable
　　　(D) Mouse → On click。

二、實作題

另一種常見的 AVG 畫面佈局是讓角色出現在正中央，如右圖所示。請將本課範例修改為此種佈局。

微課 4

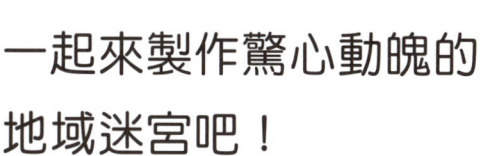

地城迷宮遊戲
Dungeon Crawl

一起來製作驚心動魄的地域迷宮吧！

4-1 地城迷宮遊戲簡介

地城迷宮（Dungeon），是一種非常常見的遊戲機制與世界觀設定，在現今許多不同類型的遊戲中都可見到地城迷宮機制的身影。從薩爾達傳說 Zelda、暗黑破壞神 Diablo 到黑暗靈魂 Dark souls 等等，無數的地城迷宮牽引著數量龐大的玩家去釋放他們探索的慾望，也奠定了遊戲關卡設計理論最奧妙的部分。你知道地城迷宮遊戲在歷史上是如何誕生的嗎？現在就讓我們來談談他的歷史吧。

在前一章我們談到巨人洞穴大冒險（Colossal Cave Adventure）這個冒險遊戲，其實在洞穴冒險出現的時間點前後還有一些遠古級別的遊戲存在，可惜的是大部分作品在當時就下已查無紀錄。其中一個幸運留下紀錄的遊戲叫做 pedit5 – The Dungeon（1975），這個遊戲是目前可追溯到最早的地城迷宮遊戲。pedit5 是由美國伊利諾大學的研究員 Rusty Rutherford 在 PLATO 系統上所製作的，作者最初的想法乃是將當時極為流行的桌遊—龍與地下城（Dungeon and Dragon）製作為電腦版的遊戲，因此採用了許多該遊戲的機制，包括：HP 血量、EXP 經驗值、職業別（戰士、魔法師、僧侶）、層級式的迷宮。等等。pedit5 的世界觀承襲自龍與地下城，作者也很用心地幫 pedit5 製作了像素美術，所以 pedit5 成為當時 PLATO 系統中受歡迎又易上癮的遊戲。可惜的是在當時 PLATO 系統的用意並非用來製作遊戲，而是用來做各式各樣的科學研究，因此管理員常常會把 pedit5 這個遊戲刪掉。pedit5 能夠幸運地保存到今日是由於當初留下了幾份系統備份，我們今天才能從系統備份中復原出這些遠古級別的遊戲。

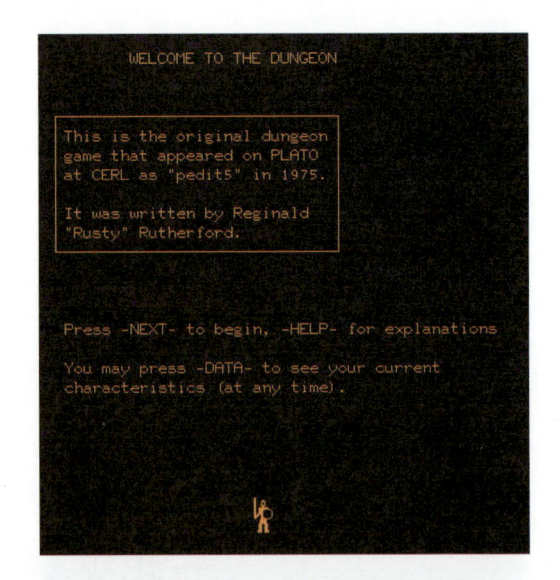

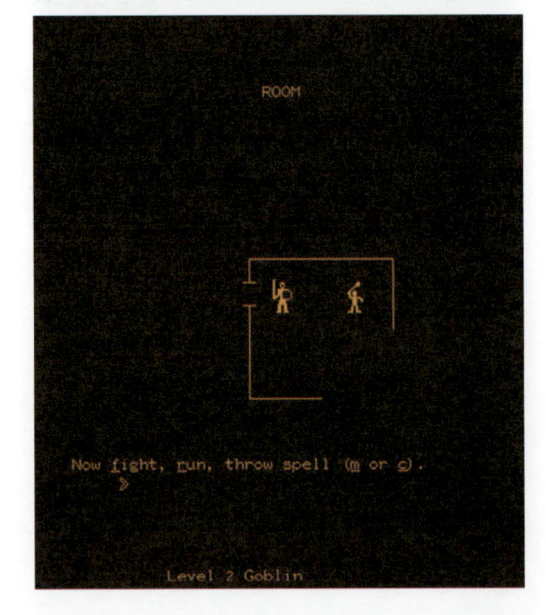

微課 4　地城迷宮遊戲 Dungeon Crawl

在 pedit5 之後，伴隨著龍與地下城桌遊系列的興起，地城類型的遊戲逐漸形成一個完整的體系，稱之為地城迷宮探索 Dungeon crawl 類型。早期經典地城迷宮遊戲有以下幾個特色：

1. 預先設計好的網格狀迷宮地圖
2. 重探索與戰鬥，不重劇情
3. 具有寶物獎勵機制
4. 古典奇幻（high fantasy）的世界觀

Dungeon Crawl 與 RPG 的差異？

一般來說，Dungeon Crawl 的特色在於強調迷宮探索，讓玩家體驗更直接的刺激感；而 RPG 則具備更多的劇情與角色間的互動，與玩家更深層的感情進行互動。一些 Dungeon Crawl 的重度玩家則進一步認為網格狀迷宮是一個必要的元素。

發展到了 1980 年代，地城迷宮遊戲出現了數量的上升，在此時刻擴增出了多種新式機制，戰鬥模式也呈現多樣化的發展，劇情所占的重要性也逐漸提升，直接助益了當代 RPG 遊戲的形成。

▲ 薩爾達傳說（Zelda）

▲ 夢幻之星 3（Phantasy Star）

▲ 暗黑破壞神 1 代（Diablo 1）

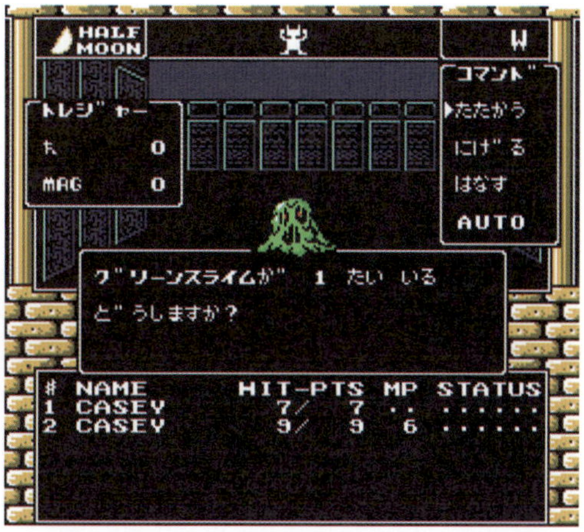

《 女神轉生 1 代
註：這個作品是仿 3D 視角，概念承襲自經典作品 Wizardry，在同時期有非常多類似概念的作品，稱為「第一人稱地城迷宮遊戲」。

4-2 設計思路

本節課我們將製作一個 8 方向移動的地城迷宮，畫面鏡頭為俯視角度。

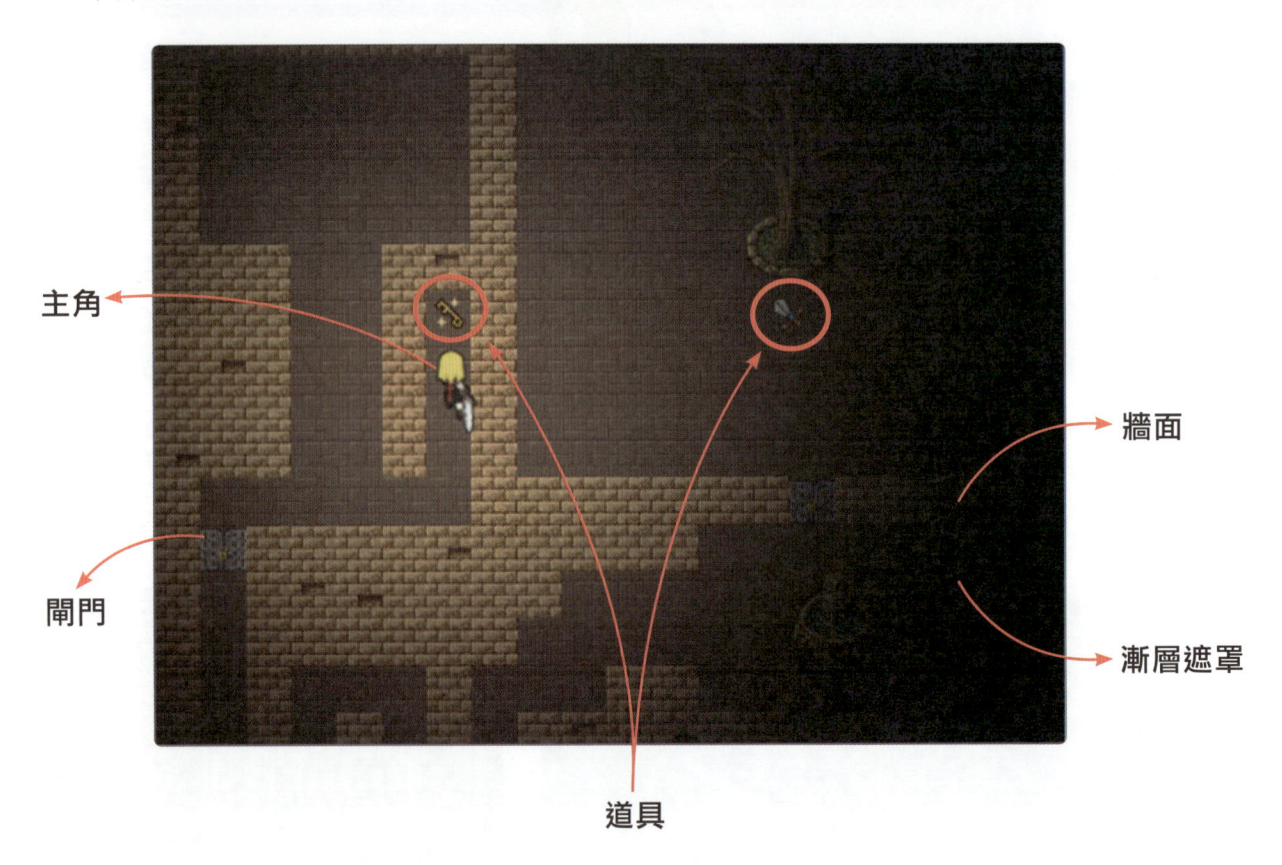

主角 →

閘門 ↙

→ 牆面

→ 漸層遮罩

↑ 道具

在本課範例中，主角使用 C2 的 8 方向行為，牆面則使用瓦片地圖 Tilemap 插件加上固體 Solid 行為，架構出探索機制的主體。在機關與道具方面，我們會實作閘門、黑色遮罩、道具 3 個機制。為了提升探索的難度，我們會在畫面頂層蒙上漸層遮罩。

遊戲玩法如下所述：玩家由左上角迷宮起點出發，直到抵達位於右上角之迷宮終點並取得寶劍後結束。本遊戲的道具有 3 種：燈籠、鑰匙、寶劍。玩家每獲得一個燈籠即可擴增視野至 1.5 倍大；獲得鑰匙可開啟迷宮內某扇對應的門；獲得寶劍即順利通關。途中玩家會遇到 2 種機關：閘門與傳送點。閘門會擋住玩家去路，玩家須獲得對應之鑰匙才能將之開啟；傳送點可將玩家傳送至迷宮內某個位置，玩家需自行摸索傳送點的連結關係。

4-3 新增專案

點選左上角〈File〉→〈New〉，新增一個空白專案〈New empty project〉。將專案名稱 Name 修改為「Dungeon」，視窗大小 Window Size 設為「640,480」。

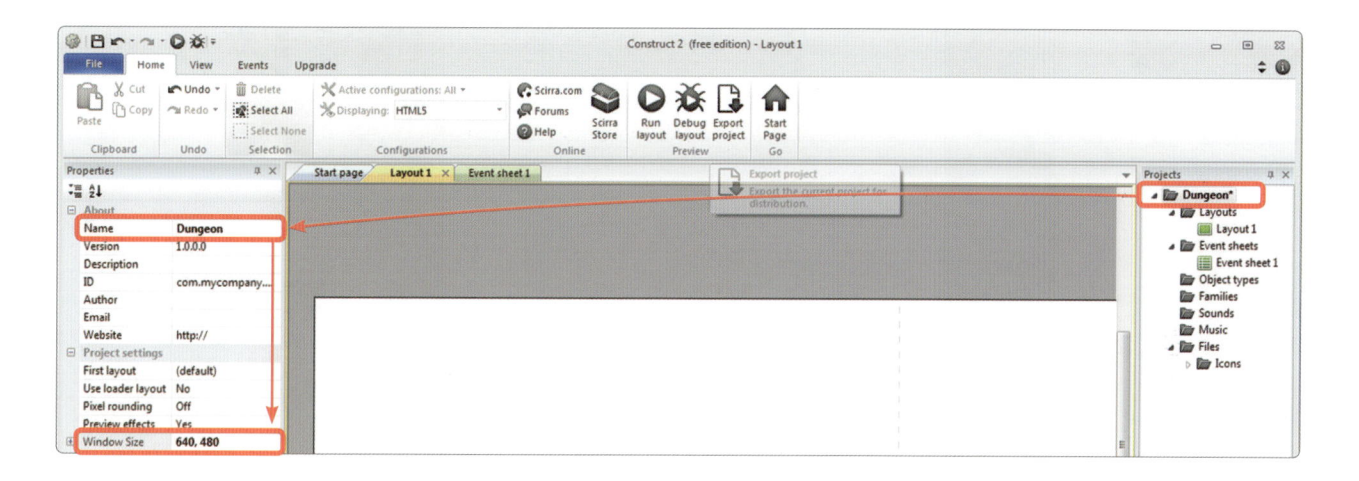

接下來為了加速設計，讓我們開啟佈局編輯區的格線。切換到〈View〉頁面，「勾選」黏附格線 snap to grid 以及顯示格線 show grid，格線寬高 grid width/height 設為「16×16」。

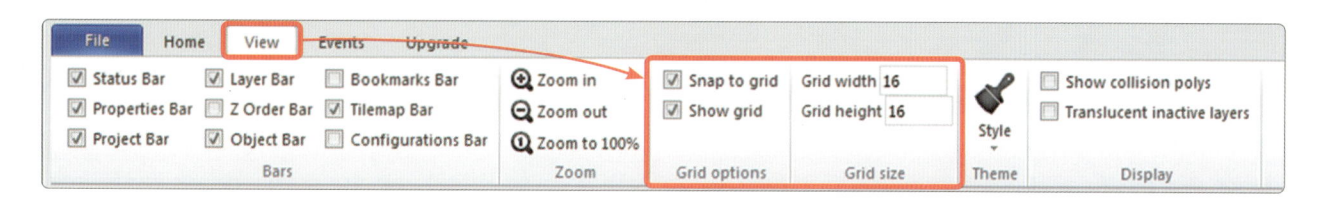

最後調整圖層數目與名稱。切換到圖層〈Layers〉列表，點擊 3 次〈＋號〉讓圖層總數達到 4 層。請使用〈鉛筆〉按鈕或〈F2〉快鍵，將圖層名稱依序由底至頂命名為：「bg、wall、game、ui」。將 ui 層的景深 parallax 值改為「（0,0）」，禁止 ui 層捲動。

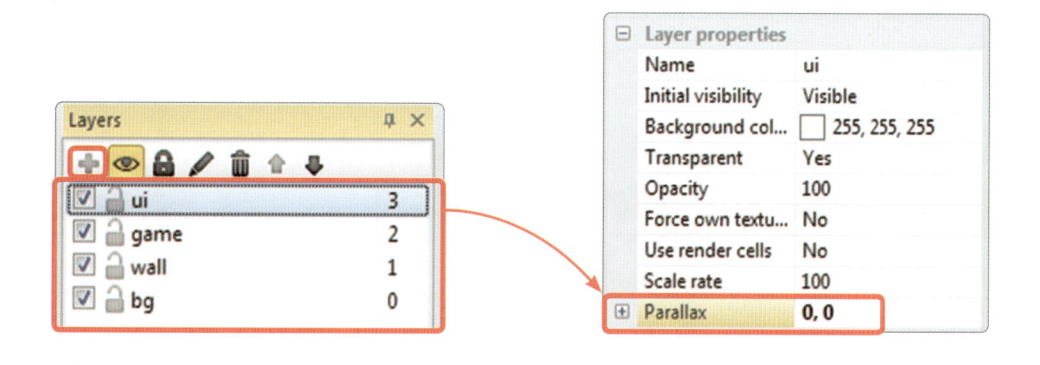

將 Layout 1 尺寸改為「（960, 960）」，讓關卡比視窗大一些，主角移動的時候才能做出捲動效果。至此完成新增專案設置。

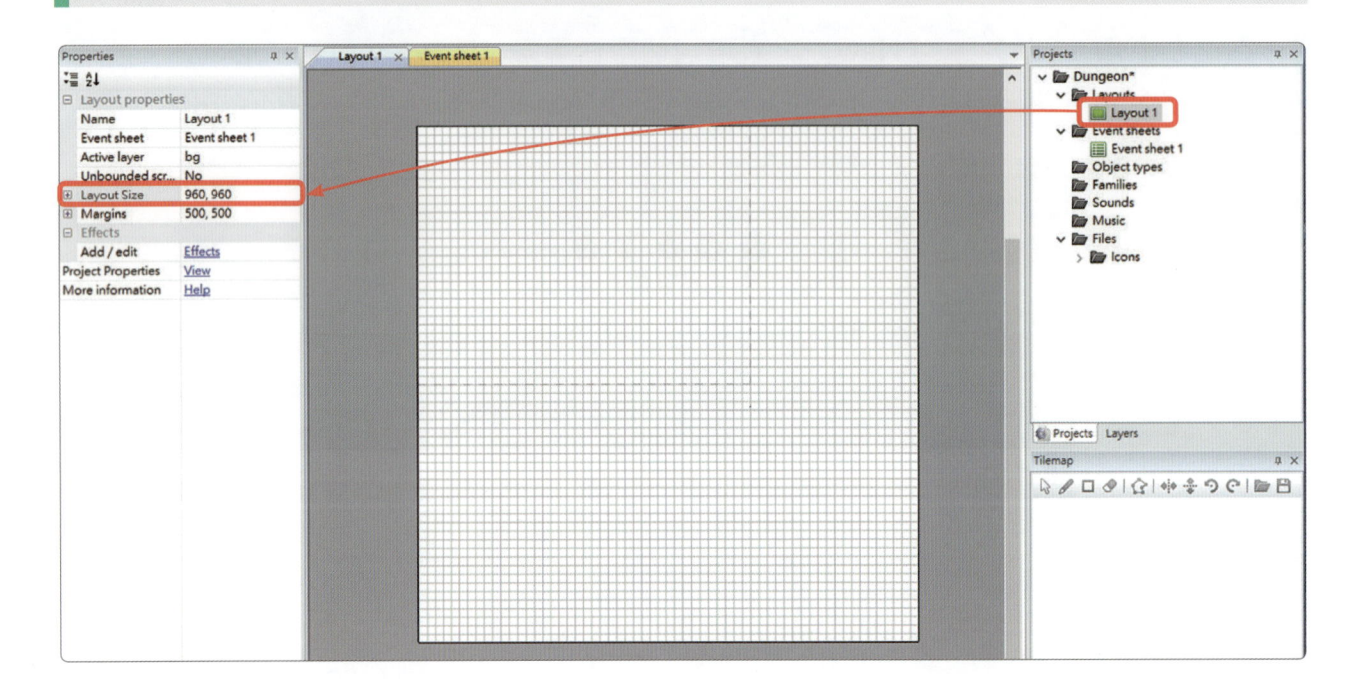

4-4 新增地面

在本課遊戲中，我們要將地面與牆面分開來製作。

首先選中 bg 層，以〈Tilemap〉瓦片地圖插件新增一個 bg 物件，讀入本節素材中的〈tile.png〉檔。

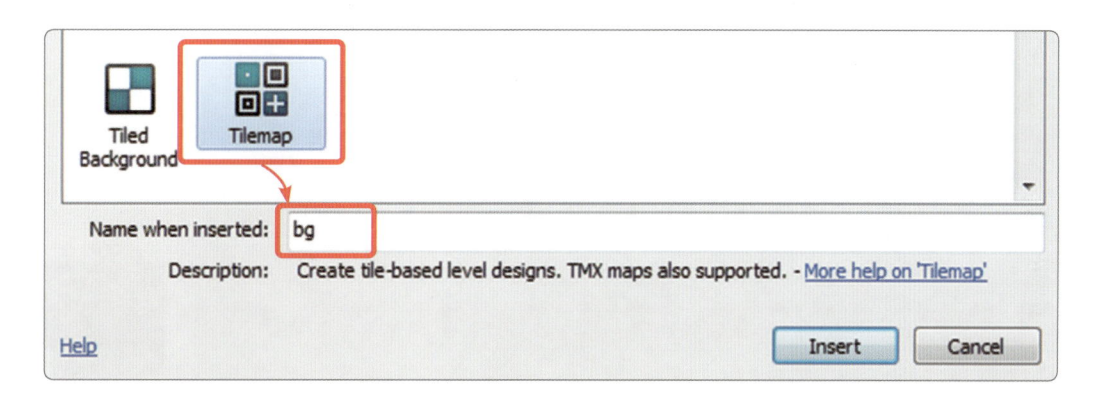

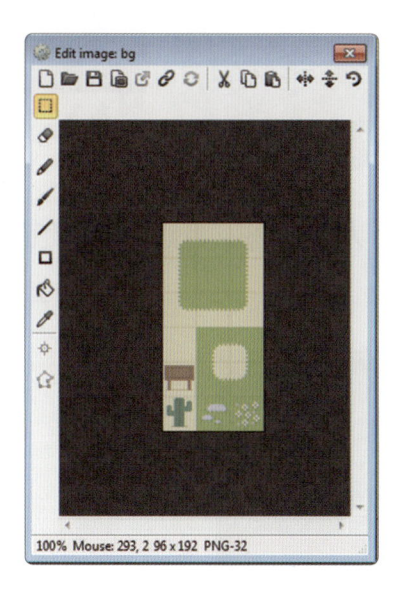

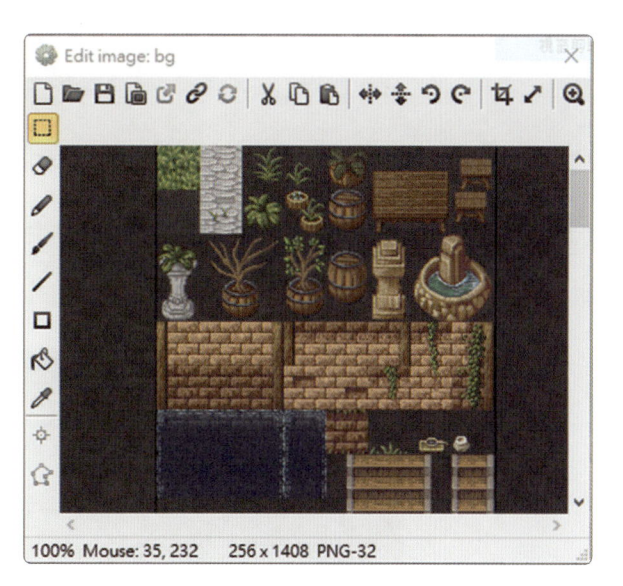

tile.png 是一套每格 32×32 的瓦片素材，內容非常豐富，可以搭建地城迷宮也可以搭建戶外場景。（tile.png 素材為 CC0 版權，來源網址：https://opengameart.org/content/mage-city-arcanos）

讀檔完成後關閉對話框，看到畫面右下角瓦片視窗，選擇編號 #91 格瓦片，再選擇〈方型工具〉將整個地板塗成 #91 格，完畢後再次〈F5〉預覽。

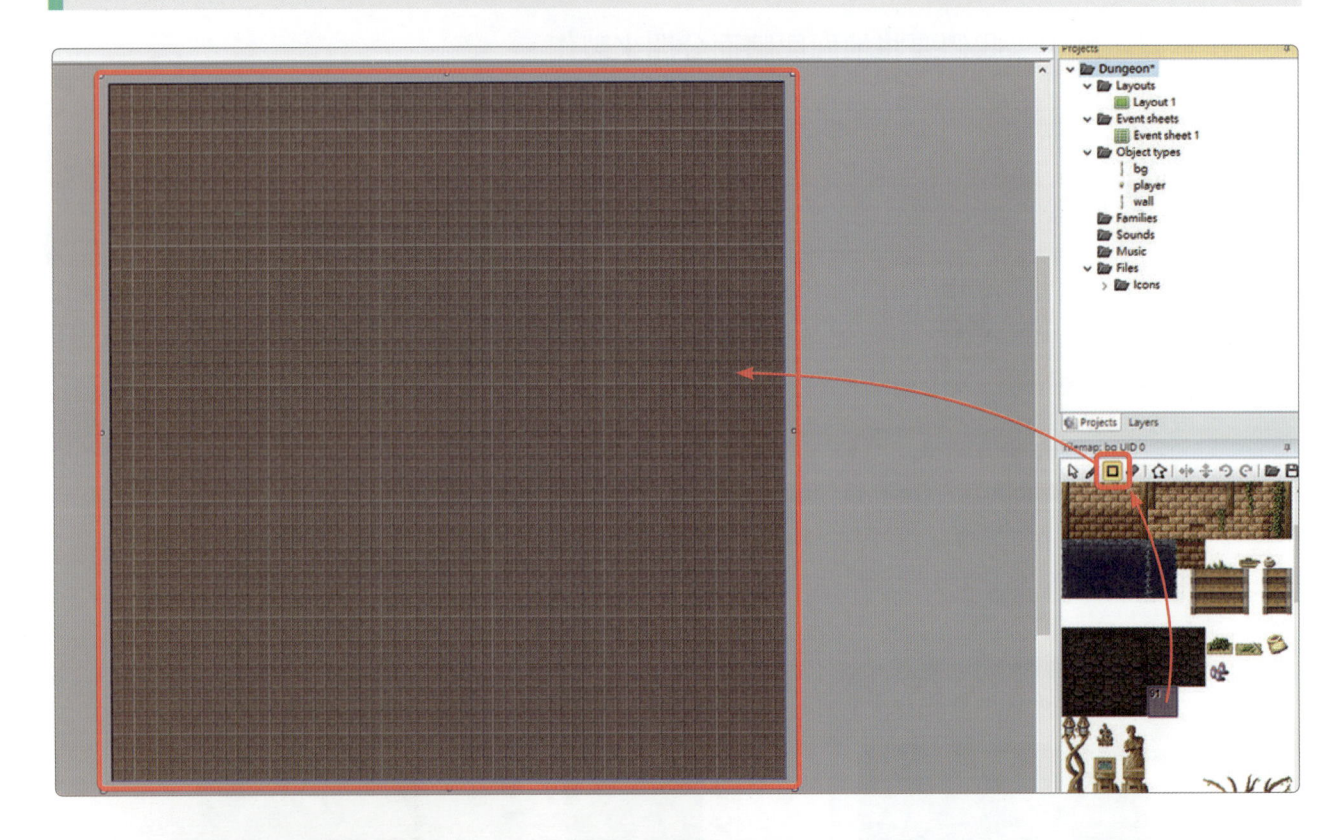

這樣地板就鋪滿整個關卡了，不過因為關卡比視窗大上一些，所以預覽畫面中看到的只有關卡的左上角。

4-5 新增牆面

接下來我們用相同的方式新增牆面。

上鎖 bg 層，切換到〈wall〉層進行操作。以〈Tilemap〉插件新增一個「wall」物件，讀入本節素材中的〈tile.png〉檔案。讀檔完成後關閉對話框，看到畫面右下角瓦片視窗，選擇編號 #33 格瓦片，再選擇〈鉛筆〉工具進入編輯模式，於佈局左上方畫出遊戲開始時主角所在的房間。在此區域內我們準備讓玩家習得〈搜尋鑰匙→ 開閘門〉這個行為，所以離開房間後畫了兩條岔路，其中一條準備擺放鑰匙，另一條未來將會放置閘門。

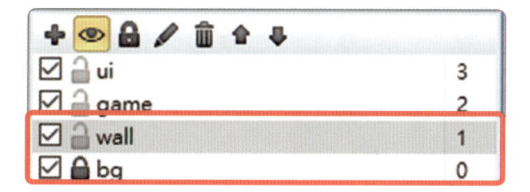

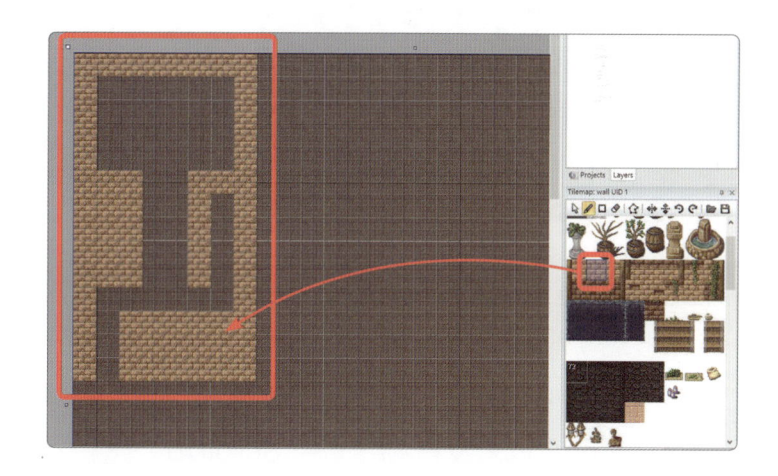

點選〈wall〉物件，幫 wall 新增一個固體「Solid」行為。wall 需要這個行為才能將玩家擋下。

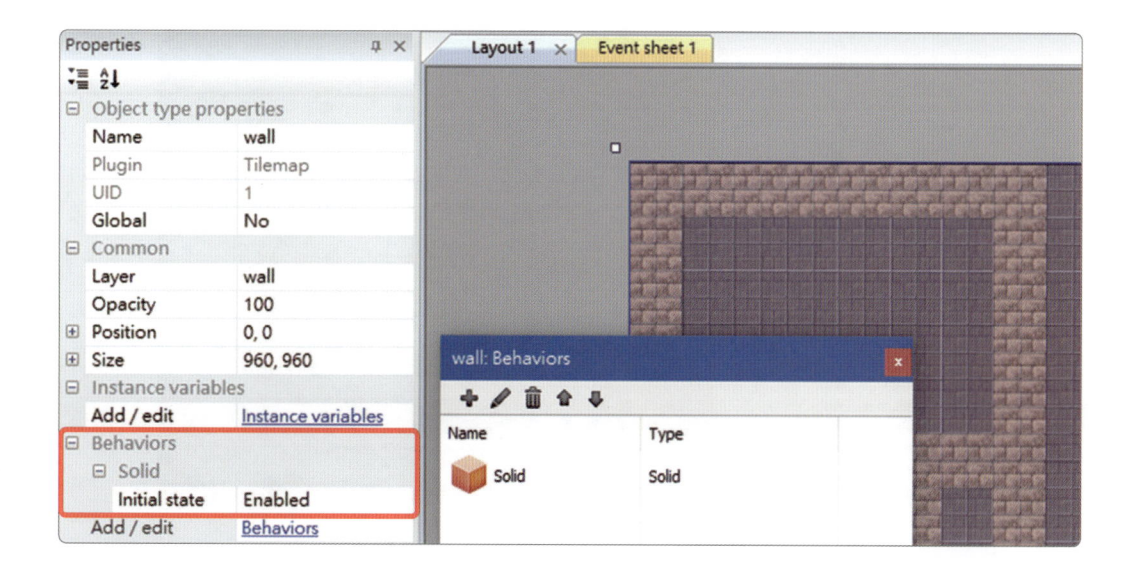

4-6 新增玩家

接下來讓我們放個玩家到迷宮裡。

上鎖 wall 層，切換到〈game〉層，請將本課素材 /Down 資料夾內的**圖像全選拖曳至佈局內**。即可自動生成主角 Sprite 物件。

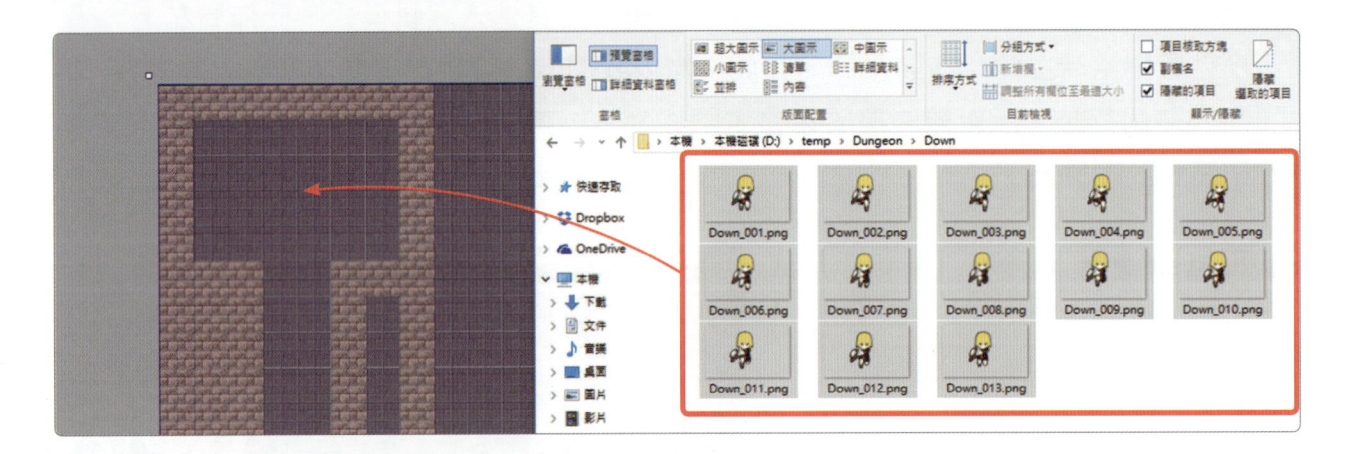

選中主角物件做些調整：首先將物件名稱設為 player，按住〈Shift〉鍵將 player 等比縮放，再按住〈Alt〉鍵拖曳 player 進行位置調整，讀者也可以直接參考下表於參數欄中輸入位置 Position 與尺寸 Size 兩項參數。完畢後為 player 新增 8 方向〈8Direction〉及自動捲動〈ScrollTo〉兩個行為。

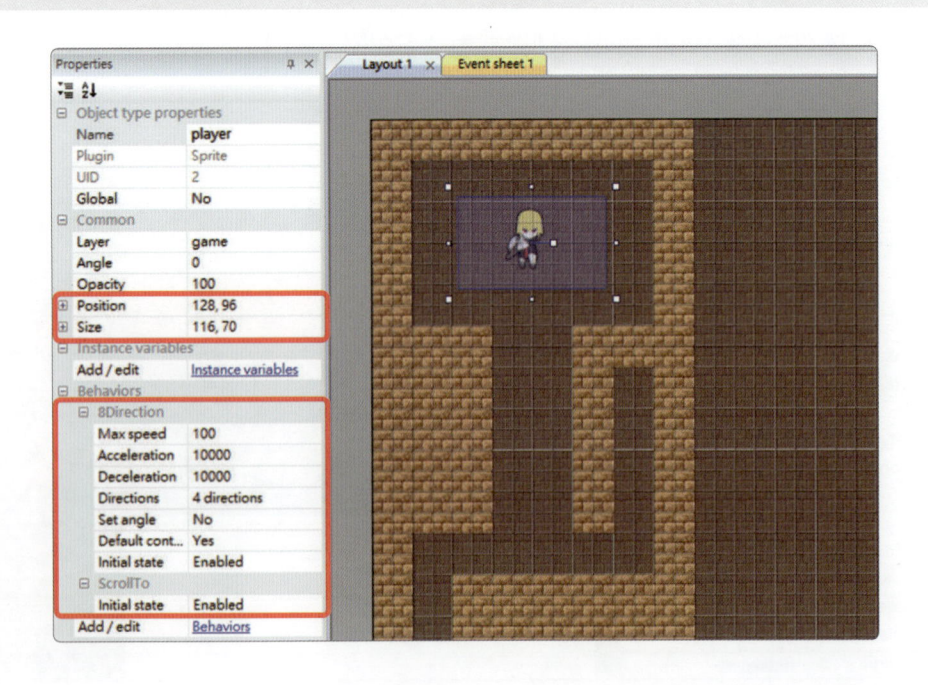

接下來我們必須對 player 物件的動畫做些調整。

雙擊 player 物件打開影像編輯器，將預設的動畫名稱 Default 改為「down」。點選 down 動畫看到左邊參數欄，將播放速度改為「20」，無限回放改為「Yes」。

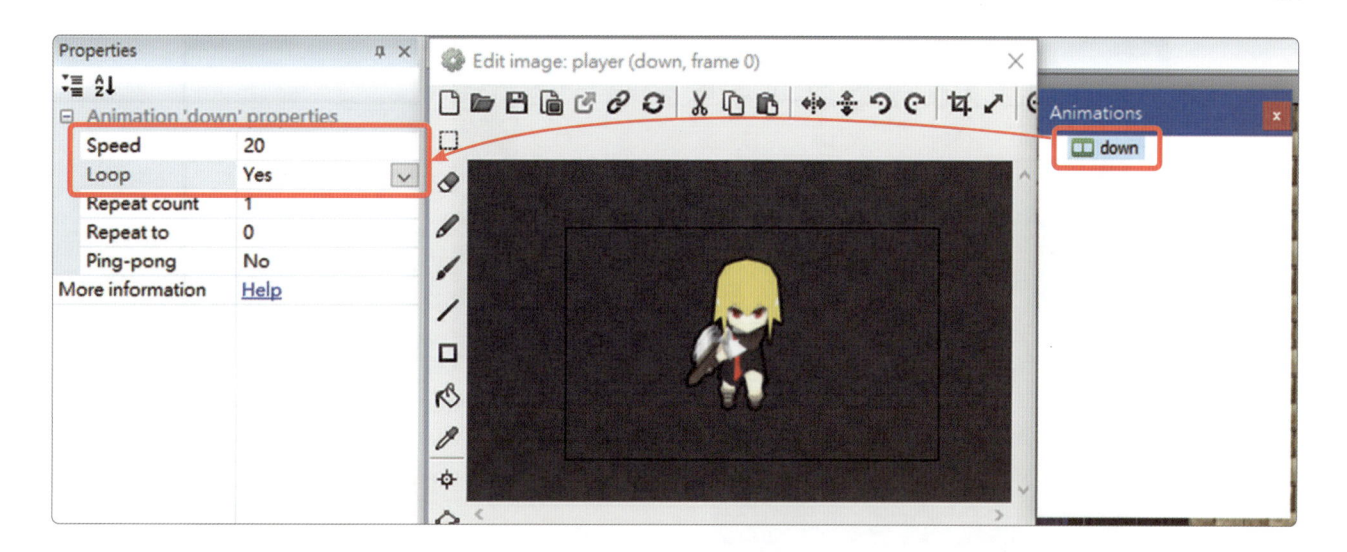

最後是本節最麻煩的部分，如果讀者現在直接按 F5 運行，就會發現主角無法走進通道。為什麼會這樣子呢？這是因為 C2 在拖曳匯入後會自動幫我們添增碰撞框訊息，然而當影像中存在凹口或是過於細長部位時，這個自動產生的碰撞框很容易出錯。

所以接下來我們要手動將碰撞框訊息做個調整，看到影像編輯器左側工具欄，點擊最下方的〈碰撞框〉工具，可以看到自動產生的碰撞框非常凌亂，甚至出現了倒折交叉的狀況。於編輯器內右擊叫出子選單，選擇設成包圍框〈Set to bounding box〉將碰撞框重新設置。

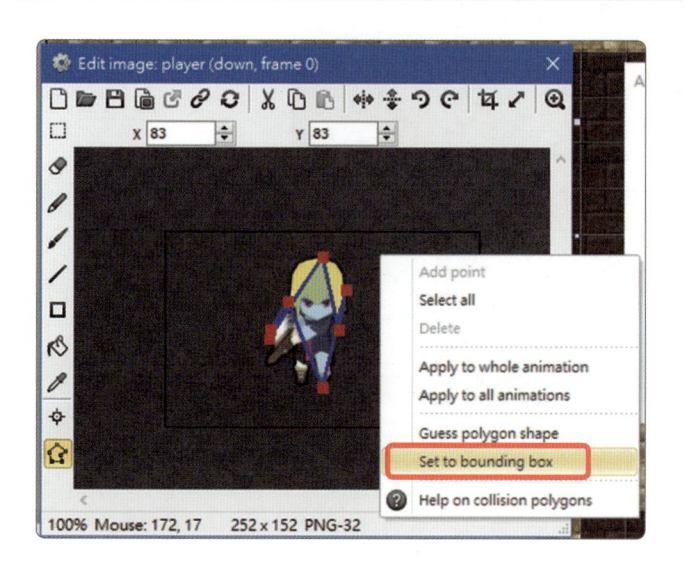

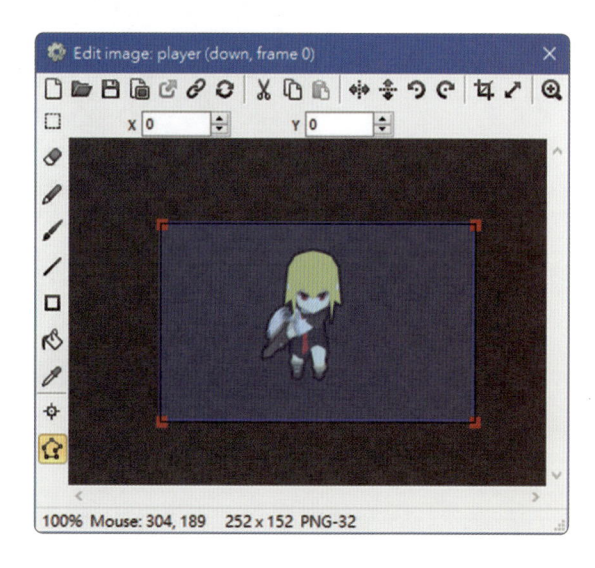

將碰撞框的 4 個頂點拖曳成下圖中的方形形狀，位置差不多即可。完畢在右擊子選單中選擇套用至本動畫全幀〈Apply to whole animation〉，即可將本碰撞框套用給 down 動畫的每一幀。

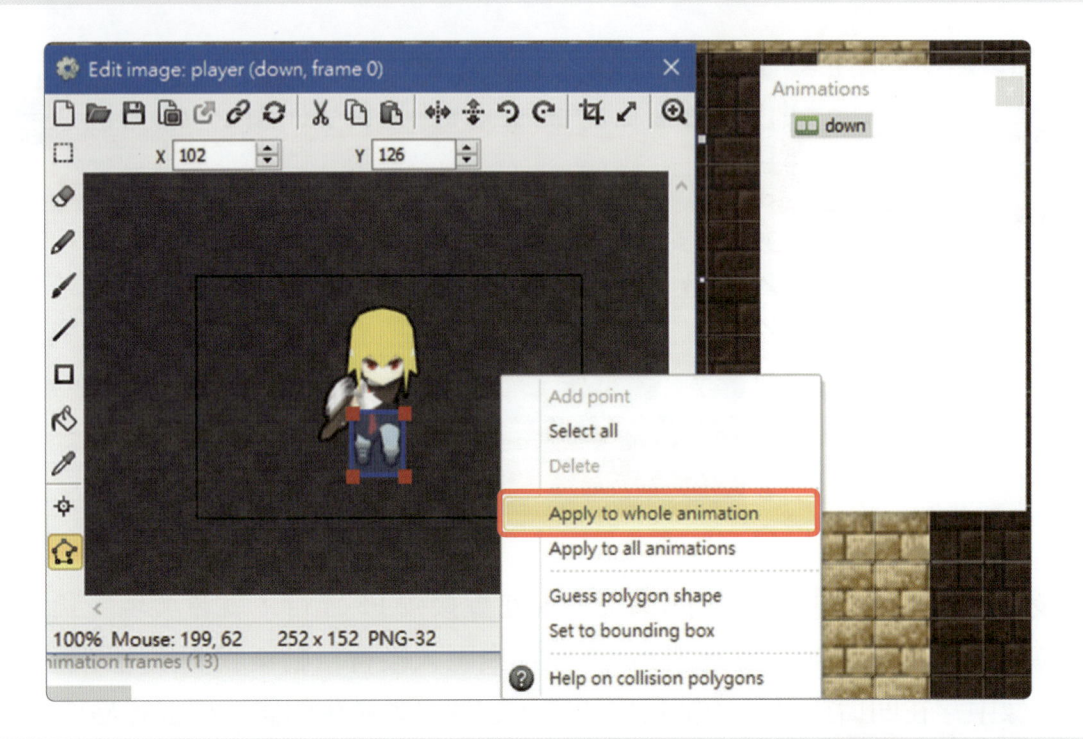

完成後點擊〈F5〉預覽，現在主角可以走進通道內了。

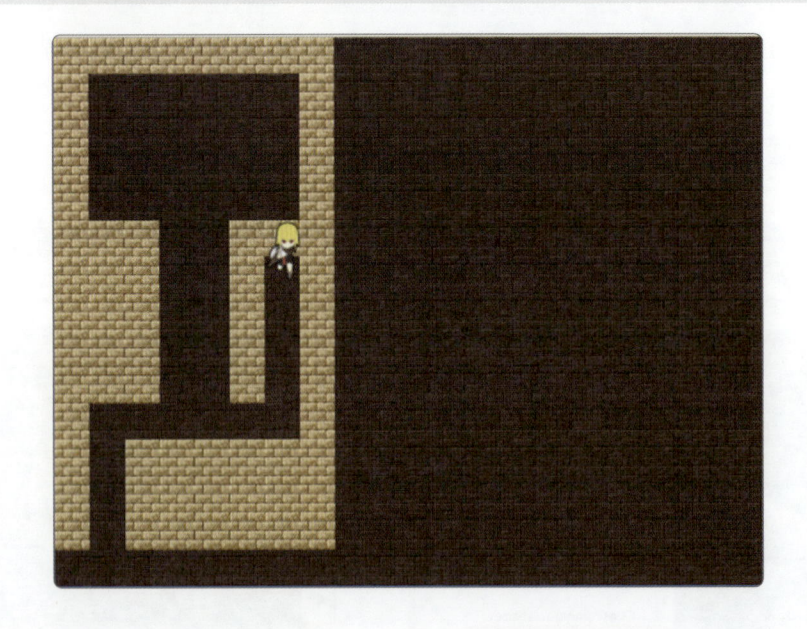

請依照本節所教的步驟重複新增並處理 up、left、right 三份動畫：於動畫列表中右擊叫出子選單，選擇〈Add animation〉新增動畫，再選擇〈Import frames〉→〈From files〉分批載入動畫素材。新增完畢後請記得砍掉空白第 0 幀、調整播放速度 Speed、無限回放 Loop 及設置碰撞框。

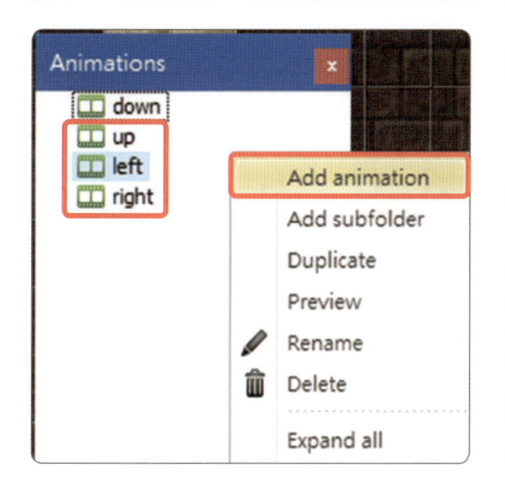

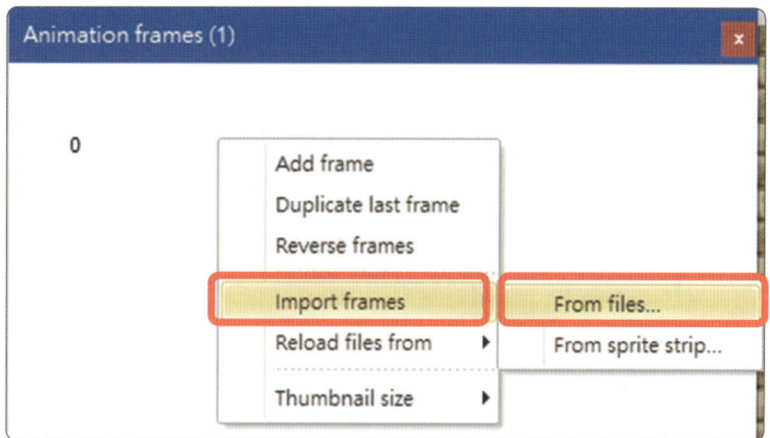

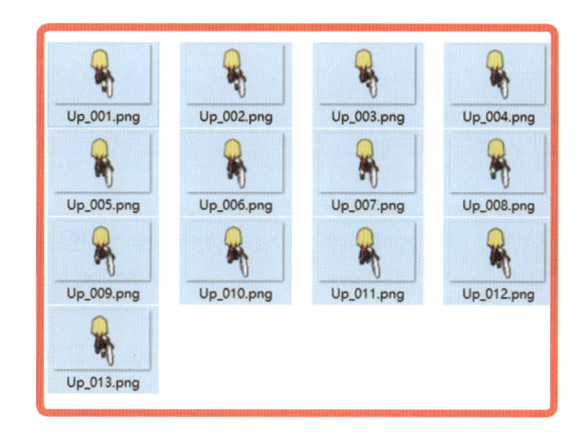

4-7 鍵盤移動控制

若讀者在前節添增完畢所有 4 組動畫之後按〈F5〉運行遊戲，應會發現移動時 player 並不會自動切換四個面向的動畫。以下就讓我們來製作切換動畫的程式碼。

首先為了要操縱鍵盤，請在佈局中添增一個〈Keyboard〉插件，有了 Keyboard 就可以偵測到玩家按下的按鍵。

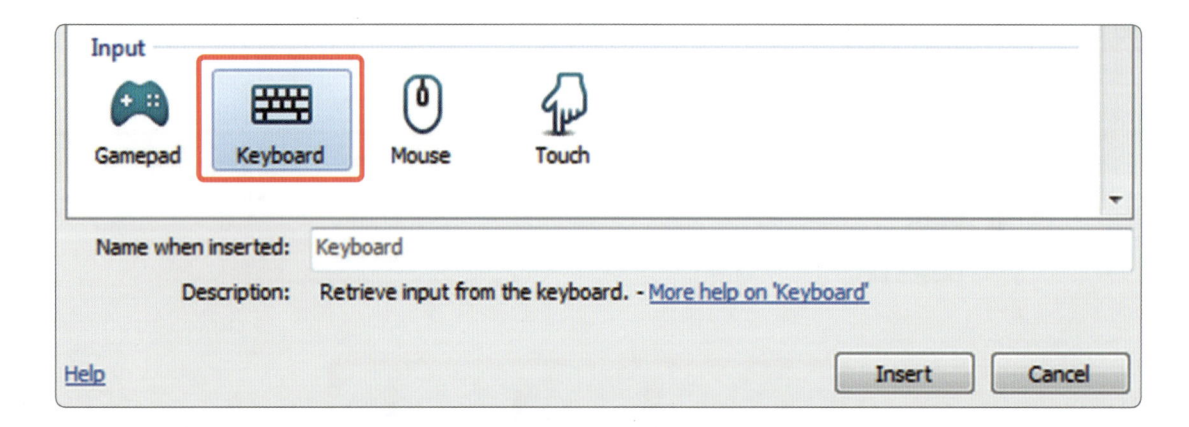

切換到〈Event Sheet 1〉寫入以下程式。

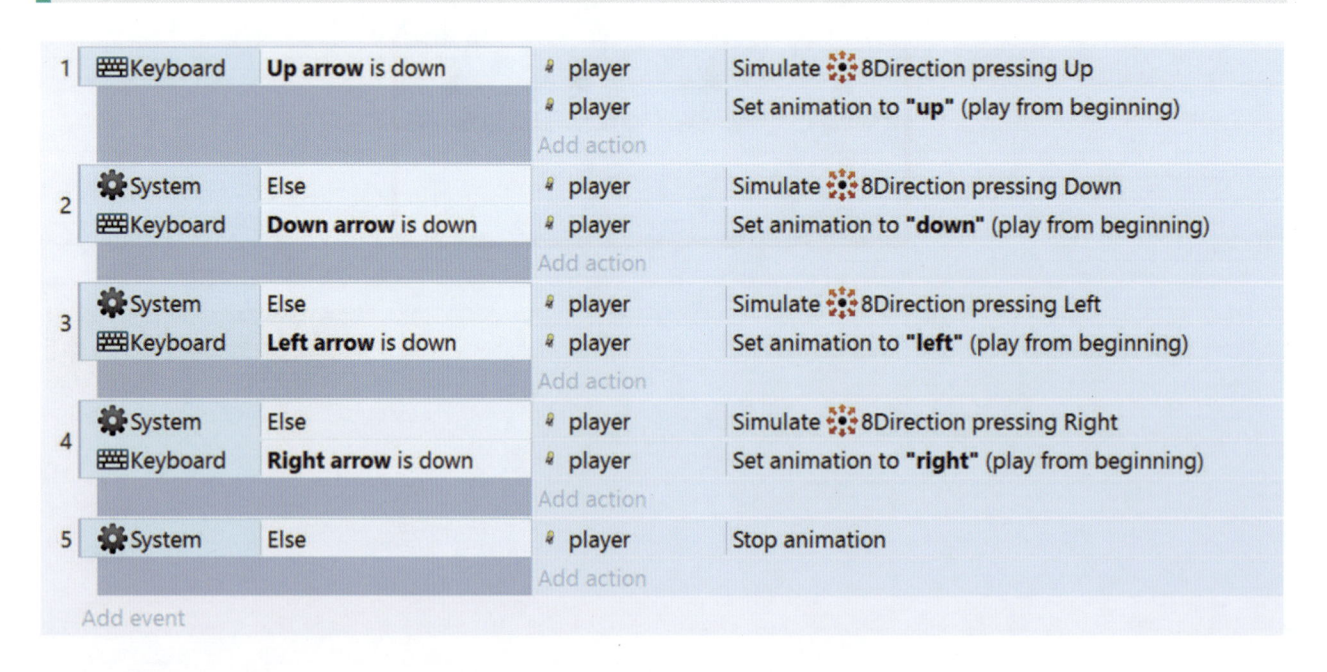

#	條件		動作	
1	Keyboard	Up arrow is down	player	Simulate 8Direction pressing Up
			player	Set animation to **"up"** (play from beginning)
2	System	Else	player	Simulate 8Direction pressing Down
	Keyboard	Down arrow is down	player	Set animation to **"down"** (play from beginning)
3	System	Else	player	Simulate 8Direction pressing Left
	Keyboard	Left arrow is down	player	Set animation to **"left"** (play from beginning)
4	System	Else	player	Simulate 8Direction pressing Right
	Keyboard	Right arrow is down	player	Set animation to **"right"** (play from beginning)
5	System	Else	player	Stop animation

事件 #1 ～ #5 是一個排他性（exclusive）的結構，也就是說這 5 項事件中只能有一條成立並執行，彷彿 5 項事件在搶奪唯一的大獎，只有搶到大獎的人才得以執行。這個結構可以防止玩家一次按住兩個鍵，造成角色不知道該往哪裡走的困擾。上表的結構會依照上 - 下 - 左 - 右的順序逐一檢查玩家是否按下對應方向鍵。若其中有任何一個鍵被按下則該事件會得以運行，並且其他事件將被忽略跳過。請注意，這種排他性的結構是常見的 if – else if – else 架構，許多程式語言中都能看到此架構的身影，是一種必學的基礎架構。下面就讓我們假設現在玩家按下了鍵盤左鍵，並從事件表頂端逐項向下確認。

事件 #1 偵測是否按壓上鍵，此條不成立，跳過。

事件 #2 帶 Else，運行到這個 Else 時引擎回頭看了一下前一項事件 #1 是否成立，看完後引擎發現事件 #1 不成立（內心大喜），於是引擎這才敢續行事件 #2 的判斷式。很可惜，事件 #2 偵測的是按壓下鍵，不成立，跳過。

事件 #3 帶 Else，運行到此 Else 引擎又回頭看了一下前一項事件 #2，看完後引擎發現事件 #2 不成立（內心再次大喜），於是續行偵測是否為按壓左鍵。這次中獎了！事件 #3 偵測的是按壓左鍵，恰好與玩家按壓的鍵一致，於是事件 #3 右側的指令得以執行。

接下來事件 #4 與事件 #5 都帶 Else，運行到這兩個 Else 時引擎回頭一看就會發現前面事件 #3 已經中獎過了，因此事件 #4 與事件 #5 都會被跳過。

　　完成後按〈F5〉運行，現在玩家可以帥氣地轉向了！

為何需要事件 #5，那是一個空的 Else 啊？

在 C2 事件表中，一個排他性結構通常會接上一個 Else 作為整個結構的最後一則事件，他會在前面所有條件都沒中獎時成立，起到一個收尾的作用。以本節程式為例，倘若玩家沒有按下任何按鍵，則事件 #1~#4 通通不會成立，此時我們利用一條收尾的事件 #5，讓畫面中的玩家停止播放動畫，做出停止移動的視覺效果。

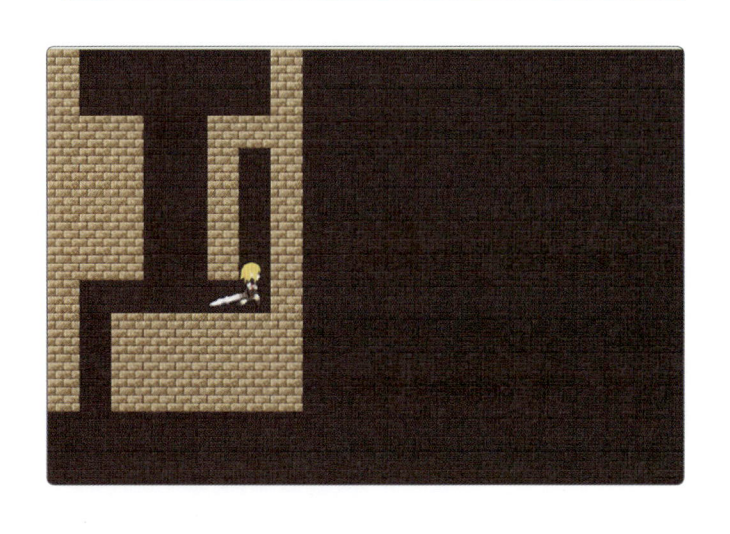

4-8 新增機關-閘門

接下來我們製作一個可以擋下主角的閘門。閘門的原理很簡單，他是一個攜帶固體 Solid 行為的 Sprite 物件。不過為了要表達出關門與開門的狀態，我們必須先製作關門與開門的動畫。

切換到〈game〉層，以〈Sprite〉插件新增一個「door」物件，將本節素材〈Door_Close.png〉與〈Door_Open.png〉讀檔匯入，分別作為 close 與 open 動畫。

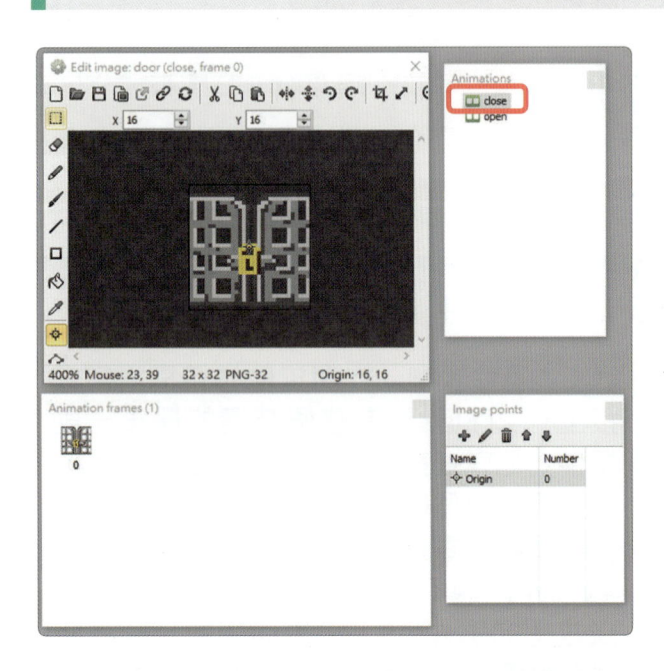

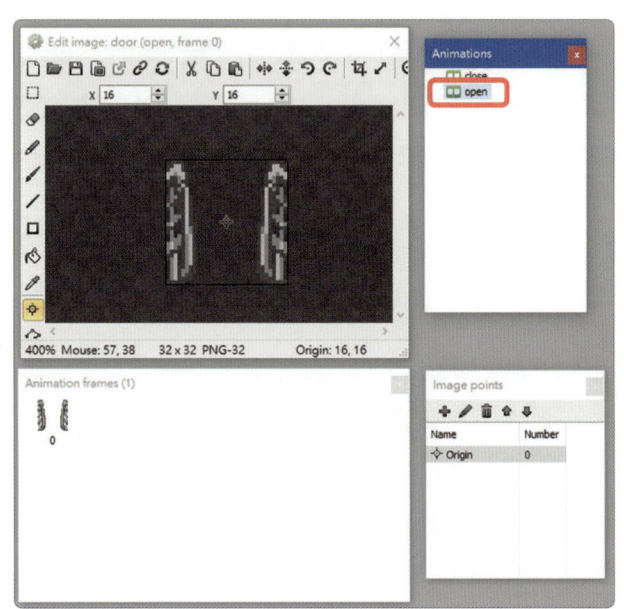

為 door 物件新增固體〈Solid〉行為，放置於迷宮通道入口位置。

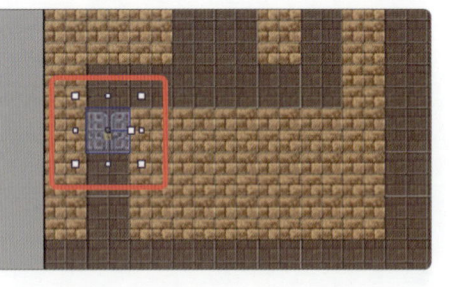

擺設好之後按〈F5〉，試試看閘門能否把玩家攔下。

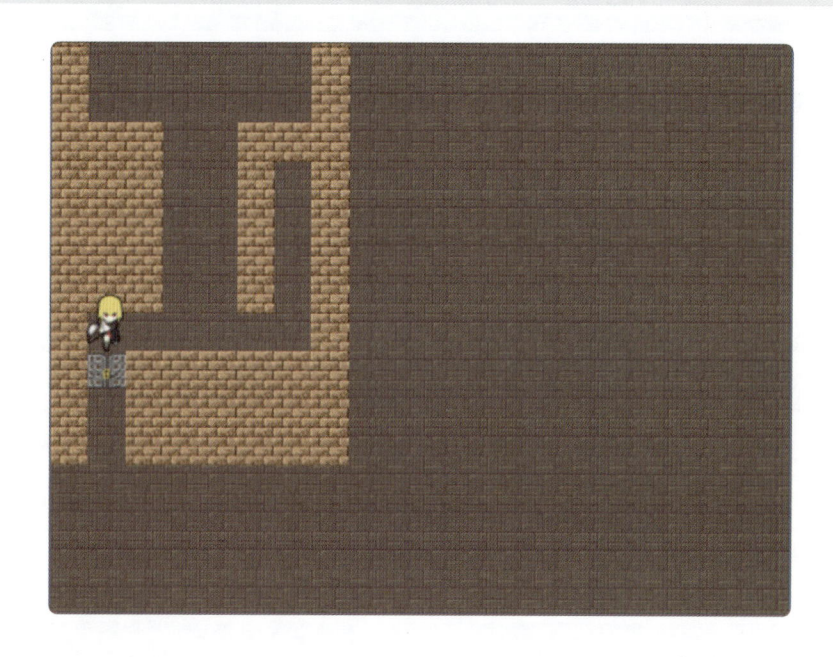

4-9 新增道具－鑰匙

接下來我們製作開啟閘門的鑰匙。在本遊戲中，鑰匙與閘門呈現 1 對 1 的配對關係，也就是說每把鑰匙所能開啟的閘門都是預先給定好的。只要玩家碰觸到鑰匙即視同取得該鑰匙，碰觸到的瞬間程式碼就會自行開啟對應的閘門，讓玩家得以通過。開啟閘門的方式也很簡單，只需要將 door 物件的 Solid 行為關閉，即可讓玩家通過。

切換到〈game〉層，以 Sprite 插件新增「item」物件。於動畫幀列表中右擊叫出子選單，選擇〈Import frames〉→〈From sprite strip〉，找到本課素材中的〈item.png〉將之匯入，匯入設置如下：橫向格數 Horizontal cells 設為「4」，縱向格數 Vertical cells 設為「1」，刪除既有動畫幀 Replace entire existing animaiton 請「打勾」。點選〈OK〉後會出現再次確認對話盒，請選擇〈OK〉。

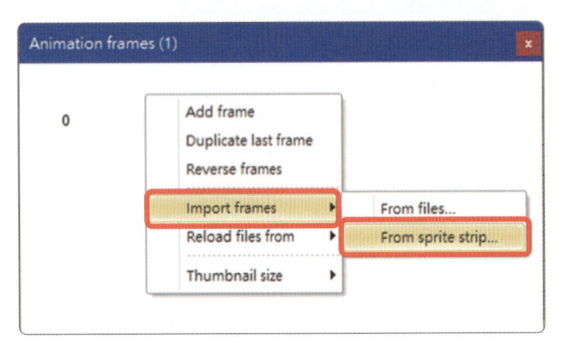

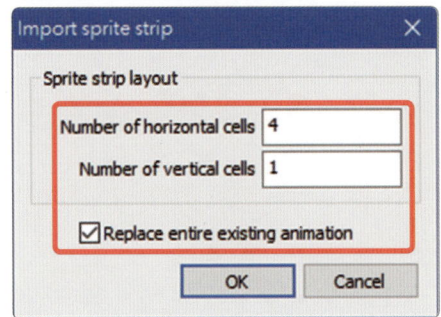

成功匯入後請點選動畫列表中的〈Default〉動畫，將 Speed 改為「0」，禁止動畫播放。

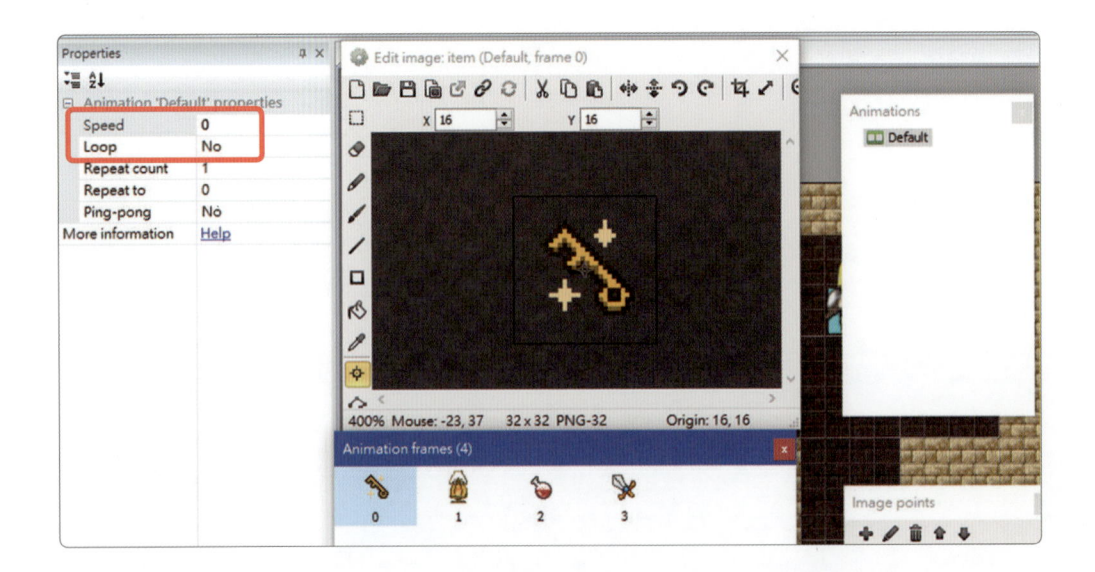

> 設置完畢後擺設一個 item 物件在轉角處，讓玩家必須朝向與閘門相反的方向搜尋這把鑰匙。

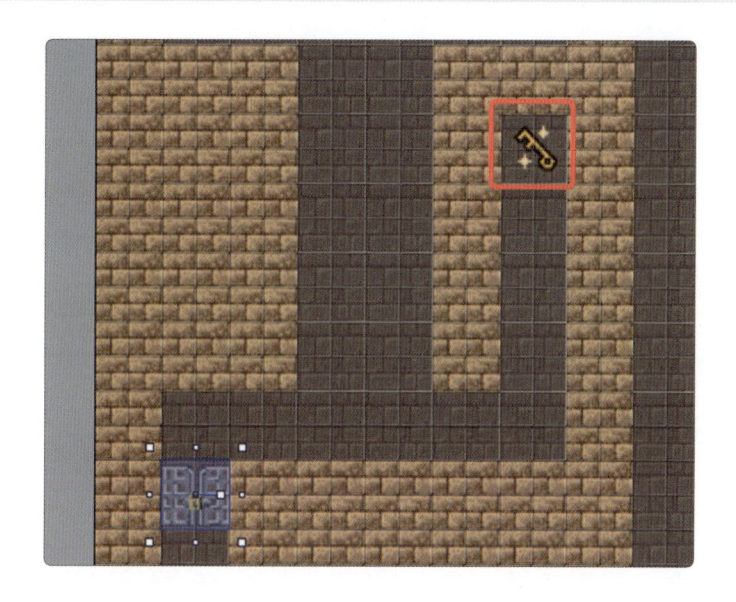

為了實現配對的概念，我們需要幫 door 以及 item 都標上 id 值。有關於 id 值的概念在前節 AVG 的課程中就已經提到過了，我們利用 id 這個數字實件變數來區分實件。

> 選中〈door〉物件，新增一個數字實件變數，Name 取名為「id」，Type 設為 Number，Initial value 為「0」。

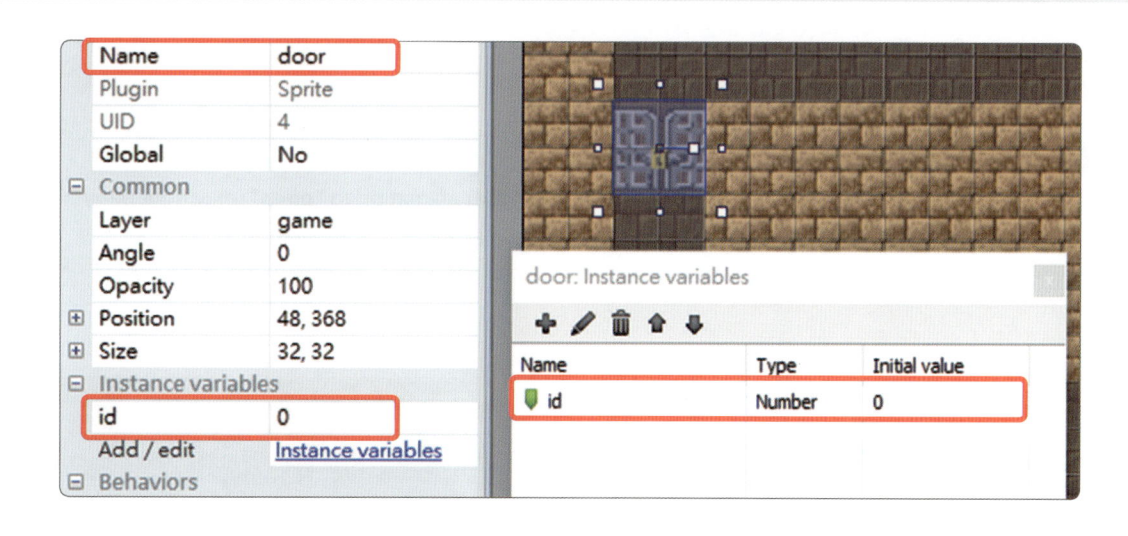

同樣的，選中〈item〉物件，新增一個數字實件變數，Name 取名為「id」，Type 設為〈Number〉，Initial value 為「0」。

新增 id 變數完畢後，我們來撰寫程式碼：

事件 #7 偵測玩家方框是否撞擊到道具物件。事件 #8 續行判斷剛才撞到的道具是否正在播放第 0 幀，若是則代表該道具為一把鑰匙。事件 #9 續行以系統〈System〉→〈Pick by comparison〉事件來撈選實件，要撈選的對象是 id 值與 item.id 相同的那個 door。選中之後，將鑰匙刪除，並將 door 切換到 open 動畫，同時將 door 的固體 Solid 行為關閉。

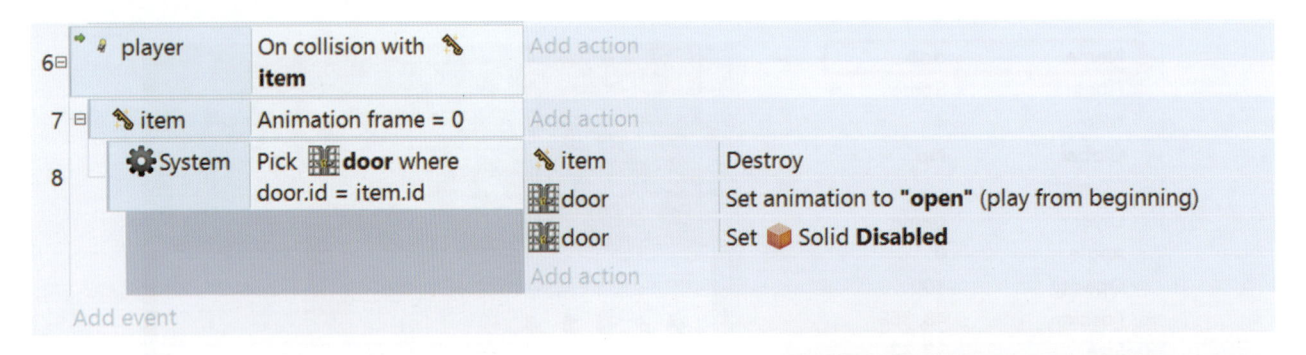

完成後按〈F5〉預覽，現在玩家可以吃鑰匙開門了。

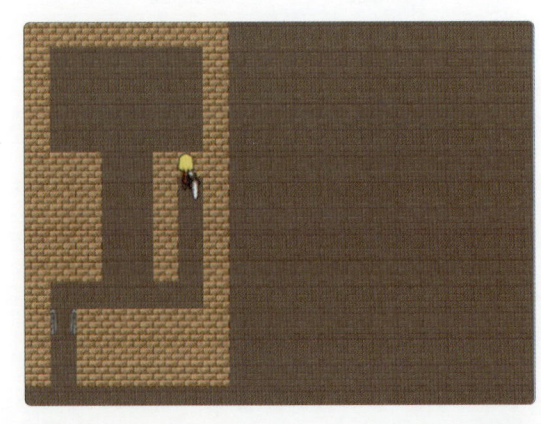

4-10 新增遮罩

為了提升迷宮探索的難度，我們在 player 身上釘上一個帶孔遮罩。

切換到〈game〉層，以〈Sprite〉插件新增一個「mask」物件。影像大小改為「64×64」，塗成全黑色，接著點選〈毛筆〉工具並將 alpha 值改為「0」成為透明色，筆觸大小設為「20」，硬度設為「0」，在中央位置左鍵點擊一次即可畫下開孔。

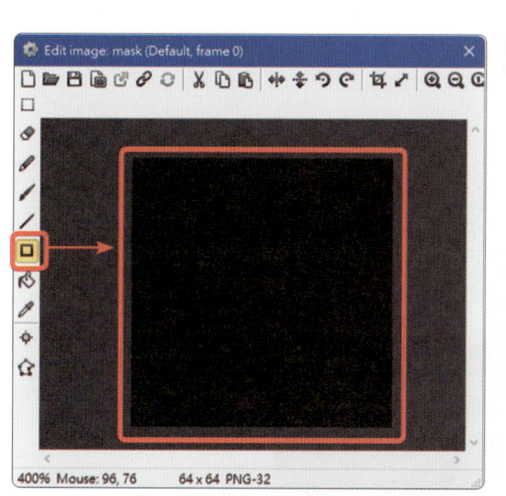

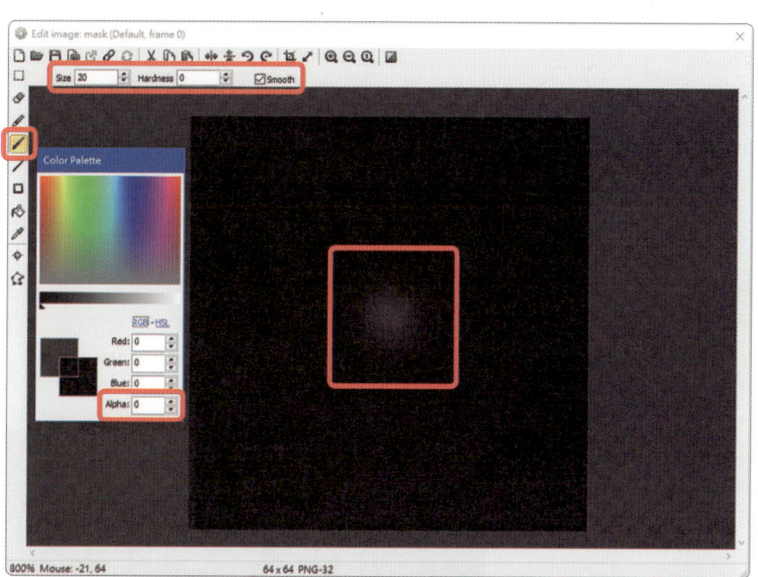

完成後回到佈局編輯器，將 mask 的大小改為「(1400,1400)」，位置與 player 相同。

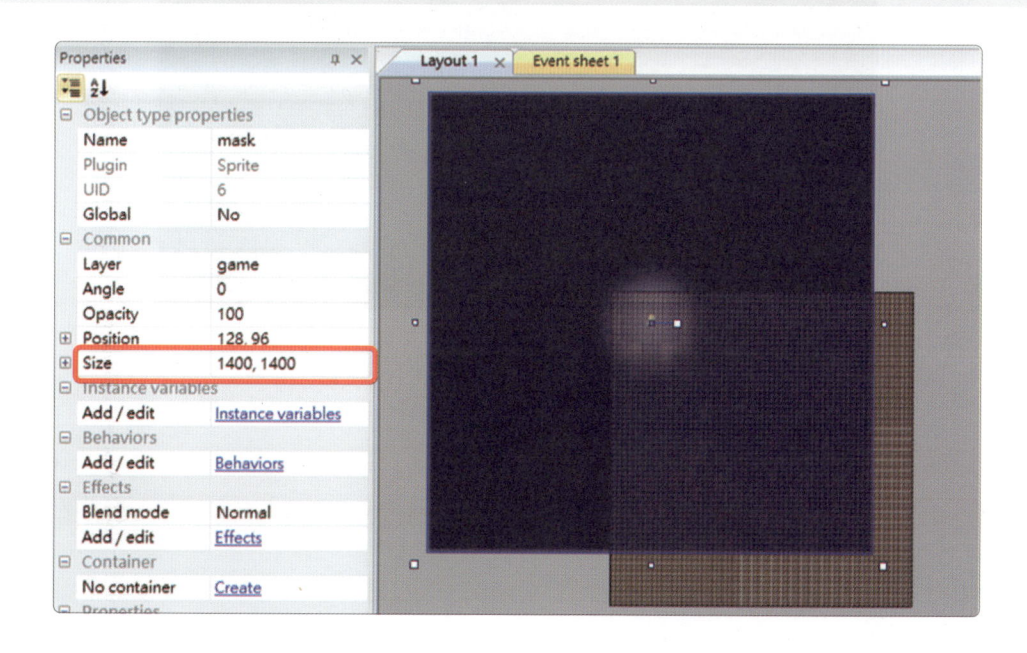

為 mask 添加釘附〈Pin〉行為，稍候我們利用 Pin 將 mask 釘附在 player 身上。

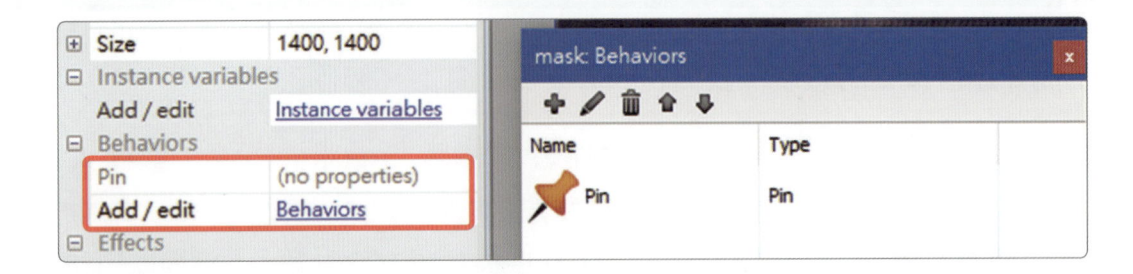

切換到〈Event sheet 1〉，加入下列程式。

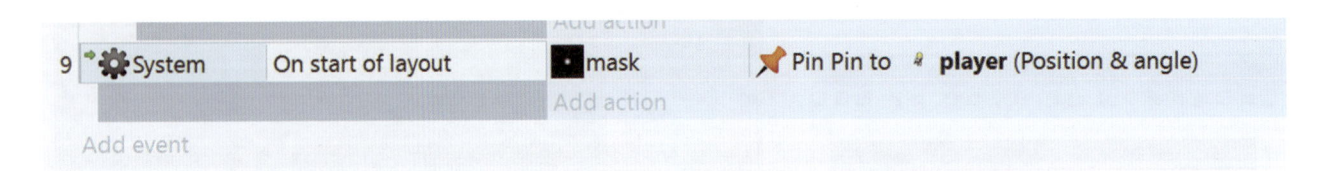

事件 #9 可將 mask 釘附於 player 身上。按下〈F5〉預覽，即可看到遮罩做出的可視範圍效果。

4-11 通關 UI

在玩家歷經千辛萬苦抵達終點後，遊戲要用明顯的字樣恭賀玩家順利通關，並且於顯示一段時間後消失，消失後自動重啟遊戲。這樣的設計為遊戲帶來了一個完整的循環，也是本遊戲邁向完工的最後一個里程碑。

將 bg、wall、game 三層全部「取消顯示」，讓視窗區域範圍能夠得以辨識。切換到〈UI〉層，將本章素材中的〈victory.png〉拖曳進編輯器，放置於視窗中央。

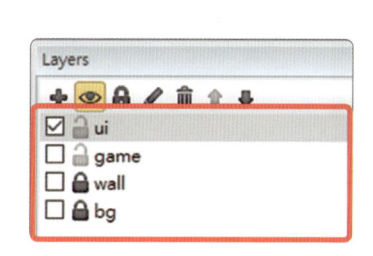

點選〈victory〉物件，為其添增淡入淡出〈Fade〉行為。將自動啟動 Active at start 設為「No」，淡入時間設為「1 秒」，持平時間設為「2 秒」，淡出時間設為「1 秒」，淡出後自動刪除設為「No」。請將 victory 的不透明度 opacity 設為「0」，這樣進入遊戲時才不會立即看到這個通關 UI。OK，現在我們有一個漂亮的通關 UI 顯示給玩家欣賞了，接下來我們在迷宮出口放置一個寶劍，當玩家吃到寶劍時再啟動通關 UI 的 Fade 行為。

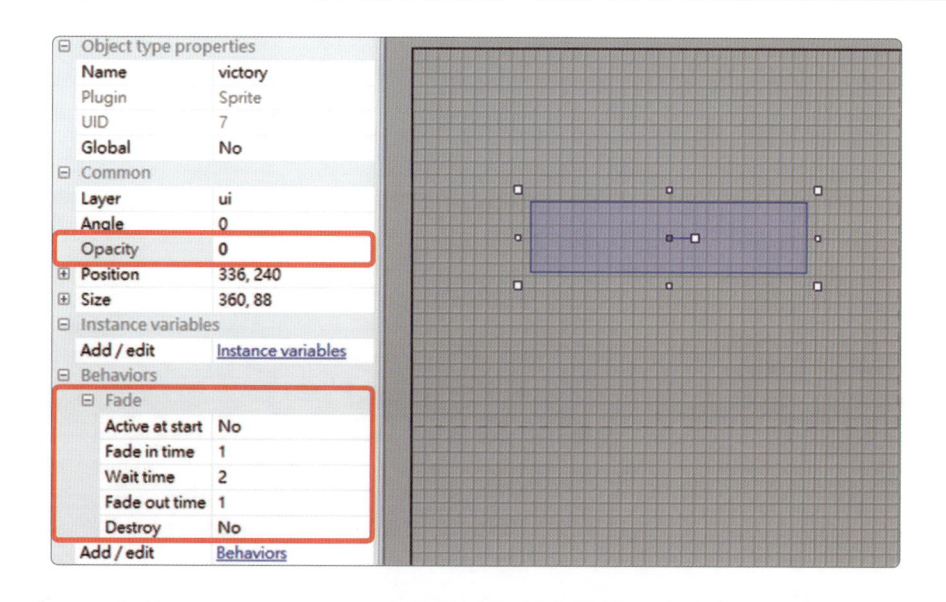

為了讓畫面方便編輯，請將 ui 層「取消顯示」，bg、wall、game 三層「恢復顯示」，將 mask 物件先移至佈局外側，以免干擾我們編輯。

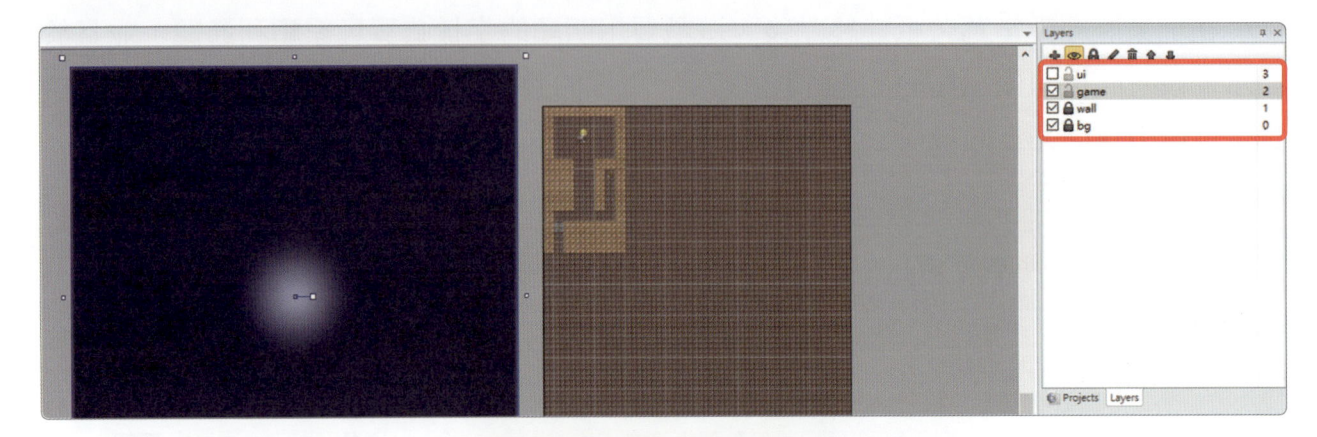

選中〈game〉層，從專案樹狀圖中將 item 物件拖曳至畫面上位置，如此即可新生一個「item」實件。

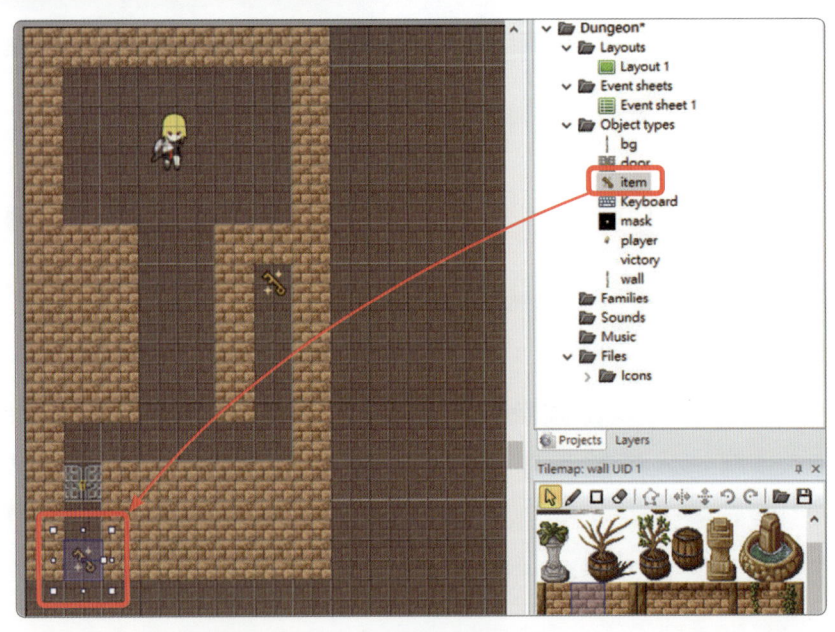

選中剛剛放置的 item 看參數欄，將初始動畫幀 initial frame 設為「3」，修改之後這個道具就變成一把寶劍了。

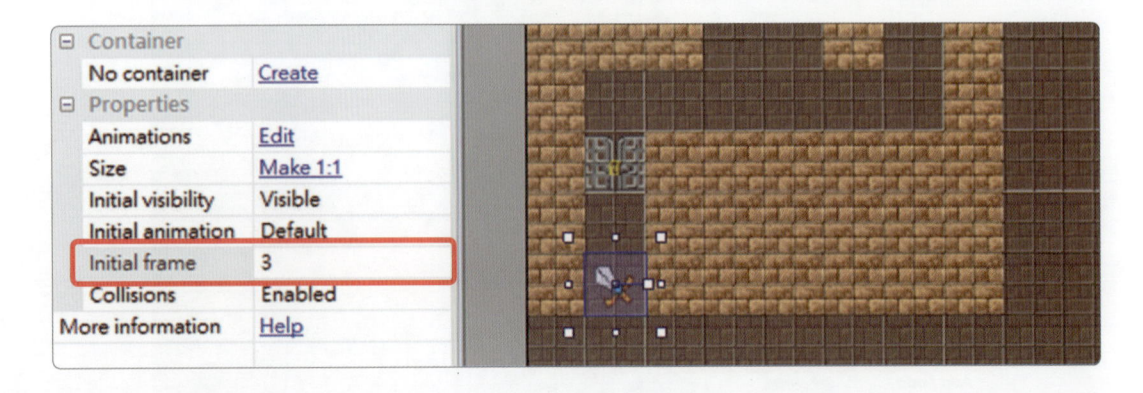

最後切換到〈Event sheet 1〉新增下列程式碼。

6	player	On collision with item	Add action	
7	item	Animation frame = 0	Add action	
8	System	Pick door where door.id = item.id	item	Destroy
			door	Set animation to "open" (play from beginning)
			door	Set Solid Disabled
			Add action	
9	item	Animation frame = 3	item	Destroy
			victory	Fade: start fade
			player	Set 8Direction Disabled
			Add action	
10	System	On start of layout	mask	Set position to (player.X, player.Y)
			mask	Move to top of layer
			mask	Pin Pin to player (Position & angle)
			Add action	
11	victory	On Fade fade-out finished	System	Restart layout
			Add action	

事件 #9 為新插入的事件（選中事件 #7 後按快鍵〈E〉或點選功能欄〈Events〉→〈Add event〉），請務必注意其層次，檢查事件 #7 與事件 #9 是否平行。事件 #9 判斷吃到的 item 道具是否正在播放第 3 幀，若是，則視同吃到寶劍。吃到寶劍後將吃到的 item 實件刪除，開啟 victory 的淡入淡出〈Fade〉行為，同時將 player 的 8 方向行為關閉。

事件 #10 稍作了一些修改，在釘附之前我們先將 mask 放置於 player 的位置，並將 mask 提到所在圖層的最頂端（否則剛剛新增的寶劍會露出來），再行釘附。

事件 #11 會在 victory 淡出結束（fade-out finished）時觸發，此時代表通關 UI 已消失，我們使用 Restart layout 動作將遊戲重開。

　　按〈F5〉運行遊戲，確認通關機制可以正常運作。Congratulations！我們完成了一個地城探索迷宮遊戲！

評量實作

一、選擇題

(　　) 1. 製作瓦片地圖所使用的插件是？
　　　　(A) Sprite　(B) Tiled Background　(C) Tilemap　(D) 9-patch。

(　　) 2. 下列何者是讓動畫無限回放的參數？
　　　　(A) Visible　(B) Loop　(C) Speed　(D) Initial frame。

(　　) 3. 使用何者可將 Sprite 物件釘附在其他 Sprite 身上？
　　　　(A) Pin　(B) 8-Direction　(C) Solid　(D) Rotate。

(　　) 4. 增加下列何者可增加淡入淡出 Fade 行為的持平時間？
　　　　(A) Fade in time　(B) Fade out time　(C) Destroy　(D) Wait time。

二、實作題

請發揮巧思擴充迷宮的設計，至少實現 5 扇門。

評量實作簡答

微課 1

選擇題 1. (B)　2. (D)　3. (B)　4. (B)　5. (C)

實作題 略

微課 2

選擇題 1. (A)　2. (D)　3. (A)　4. (B)　5. (C)

實作題 因為移動指令 set Y 不會受到 Solid 特性攔阻。可偵測 barA 物件 Y 座標，若大於關卡高度，則將 barA 以 set Y 指令拉回至下緣即可。

微課 3

選擇題 1. (D)　2. (C)　3. (B)　4. (D)　5. (A)

實作題 略

微課 4

選擇題 1. (C)　2. (B)　3. (A)　4. (D)

實作題 略

書　　　名	**趣學Construct 2設計2D遊戲** －使用HTML5
書　　　號	PN282
版　　　次	2017年11月初版 2022年 7月二版
編　著　者	傅子恆・劉國有・何祥祿
責 任 編 輯	沈育卿
校 對 次 數	8次
版 面 構 成	魏怡茹
封 面 設 計	顏彣倩
出　版　者	台科大圖書股份有限公司
門 市 地 址	24257新北市新莊區中正路649-8號8樓
電　　　話	02-2908-0313
傳　　　真	02-2908-0112
網　　　址	tkdbooks.com
電 子 郵 件	service@jyic.net

國家圖書館出版品預行編目（CIP）資料

趣學Construct 2設計2D遊戲：使用HTML5/
傅子恆, 劉國有, 何祥祿編著. -- 二版. --
新北市：台科大圖書股份有限公司, 2022.06
　　　面；　公分
ISBN 978-986-523-472-0（平裝）
1.CST: 電腦遊戲 2.CST: 電腦程式設計
312.8　　　　　　　　　　　　111008627

版 權 宣 告　**有著作權　侵害必究**

本書受著作權法保護。未經本公司事前書面授權，不得以任何方式（包括儲存於資料庫或任何存取系統內）作全部或局部之翻印、仿製或轉載。

書內圖片、資料的來源已盡查明之責，若有疏漏致著作權遭侵犯，我們在此致歉，並請有關人士致函本公司，我們將作出適當的修訂和安排。

郵 購 帳 號	19133960
戶　　　名	台科大圖書股份有限公司
	※郵撥訂購未滿1500元者，請付郵資，本島地區100元 / 外島地區200元
客 服 專 線	0800-000-599
網 路 購 書	PChome商店街　博客來網路書店 JY國際學院　　台科大圖書專區
各服務中心	總　　公　　司　02-2908-5945　　台中服務中心　04-2263-5882 台北服務中心　02-2908-5945　　高雄服務中心　07-555-7947

線上讀者回函
歡迎給予鼓勵及建議
tkdbooks.com/PN282